JN185243

Particulate Matter 2.5

もっと知りたい PM2.5の科学

畠山史郎・野口 恒［著］
Shiro Hatakeyama　Hisashi Noguchi

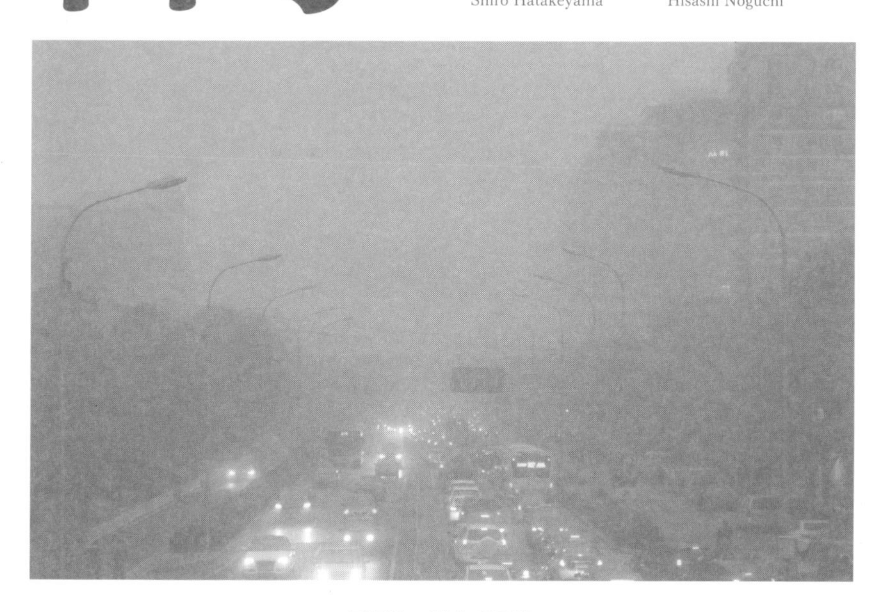

日刊工業新聞社

序 章　PM2.5はなぜそれほど問題か

⑴火山噴火の影響で、大気中のPM2.5濃度が上昇

日頃私たちの周りには、大気汚染、水質汚染、放射性汚染、地震、火山噴火など環境問題の話題に満ちあふれています。とくに、近年は日本列島のあちこちで火山活動が非常に活発化しており、その影響が心配されます。

日本は世界有数の火山国であり、活火山が北方領土や海底火山も含めると110もあり、その数は世界第2位です。最近では、桜島（鹿児島県)、御嶽山（長野県)、口永良部島（鹿児島県)、阿蘇山（熊本県)、浅間山（長野県・群馬県)、箱根山（神奈川県）などで、大規模な火山噴火や火山活動が起こっています。火山噴火では、溶岩流・火砕流・土石流による直接被害だけでなく、大量の火山ガス・火山灰の放出によって起こる大気汚染や健康被害への影響も懸念されます。

火山噴火で放出される火山ガスや火山灰には、大量の水蒸気の他に、二酸化炭素（CO_2)、二酸化硫黄（SO_2)、硫化水素（H_2S）などの有毒な化学物質や、PM2.5のような粒径の極めて小さな微小粒子状物質（Particulate Matter）も含まれます。PM2.5とは、粒径が2.5μm（2.5mmの1000分の1、髪の毛の30分の1）以下の微小粒子状物質を言います。それは、単一の化学物質ではなく、有機炭素、硫酸塩、硝酸塩、金属などを主成分とするさまざまな混合物質です。

2013（平成25）年11月に、気象庁気象研究所から注目すべき観測結果が発表されました。鹿児島県の桜島の噴火によって放出されたSO_2を含む火山ガスは風に乗って流され、九州だけでなく関東、東海まで広がり、PM2.5の濃度を上昇させる一因になっているとの報告が発表されま

した（**写真0-1**）。これまで、中国からの越境汚染が要因とされてきたPM2.5ですが、噴火によって放出された火山ガスや火山灰が化学反応して粒子化し、PM2.5の濃度が上昇したことで、火山噴火とPM2.5の濃度上昇に相関性（因果関係）があることが明らかにされました。

日本は世界有数の地震国であると同時に火山国でもあります。国民は地震とともに火山活動にも強い関心を抱き、身近なテーマとして捉えています。日本を覆うPM2.5の半分以上は中国大陸で発生したものですが、PM2.5の発生は中国（大陸からの飛来）だけが原因ではない。国内の火山活動もPM2.5の発生・濃度上昇に影響を及ぼしています。とくに、大量の火山ガスや火山灰に覆われた地域では、火山噴火によってPM2.5の濃度が上昇し、人々の日常生活や健康にどのような影響があるのか。近年日本列島の火山活動が非常に活発化していることから、火山噴火とPM2.5との相関性を科学的に明らかにする継続した観測調査と

写真0-1　鹿児島県桜島

広域データの精密な分析がますます重要になります。

⑵日本のPM2.5の半分以上は大陸から飛来したもの

日本のPM2.5は、中国大陸で発生し日本に飛来したものが半分以上を占めます。とくに中国で発生するPM2.5は、企業や家庭で不純物の多い石炭を使用しているため、硫酸塩や硝酸塩に混じって有害な有機化合物や鉛やヒ素なども含まれ、身体への健康被害が懸念されます。不純物の多い石炭を使用していることもあって、中国の火力発電所や工場から排出されるNO_Xの排出量は日本の10倍以上ですし、SO_2の排出量は世界一です（**図0-1**）。

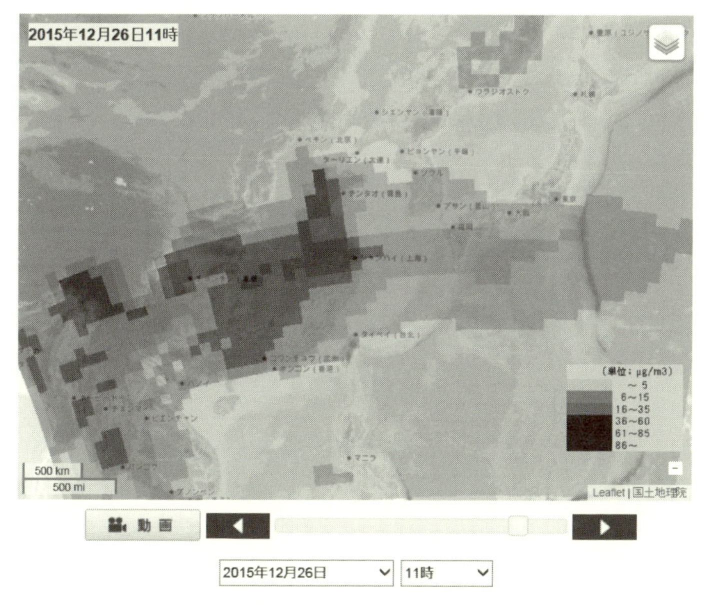

出典：国立環境研究所・環境GIS「大気汚染予測システム（VENUS）」ウェブサイトより

図0-1

現在、中国の大気汚染状況がいかに深刻なレベルにあるか。たとえば、2015年2月18日夜、在中国米国大使館が発表したPM2.5の測定値によれば1,000 $\mu g/m^3$を記録し、最悪レベルでした（日本でのPM2.5の環境基準値は1日平均濃度35 $\mu g/m^3$）。この日はちょうど旧正月の春節に当たり、春節を祝う爆竹や花火も重なってPM2.5の濃度が上昇したこともありますが、いずれにしても中国の大気汚染状況は極めて深刻です。中国の北京や上海など大都市では、スモッグなど大気汚染がひどく景色がかすんで先が見えない状況はしばしば起こります。

中国大陸から長距離飛来するものと言えば、まず黄砂が思い浮かびます。黄砂は3月～5月ごろ偏西風に乗って長距離輸送され、日本に飛来します。黄砂の発生源は中国内陸部やモンゴルですが、長距離輸送の途中でPM2.5などさまざまな有害物質が付着して汚染されます。汚染された黄砂を体内に吸い込めば、気管支炎、喘息、肺気腫など呼吸器系障害を起こす危険性がありますので、十分な注意が必要です。

日本は以前から中国からのNO_X（窒素酸化物）やSO_X（硫黄酸化物）などによって森林被害を受けていると言われ、そのため排ガス規制や大気汚染防止などの取り組みを中国政府に申し入れ、技術協力を表明してきました。黄砂など自然起源の発生を抑えることは難しいことですが、PM2.5など人工起源のものは政府が本当にやる気になれば、その発生を抑えることは十分可能です。

日本国内で発生するPM2.5は、大気汚染防止法や環境規制など国内法などできちんと抑えることはできますが、大陸で発生し飛来してくるものを抑えることはできません。そこは、発生源となる中国政府が自分たちの国民を守るために、どれだけ本気になってPM2.5対策に取り組むかに掛かっています。いったん大気中に拡散したPM2.5を防止したり、排除することは不可能です。大気中に拡散する前に、PM2.5の発生源をいかに抑えるか、発生源対策がPM2.5対策ではもっとも大切です。

中国は2022年北京で冬季オリンピック開催を目指していますが、その際の最大の課題はPM2.5など大気汚染対策です。そのため、中国政府は2015年～2019年までの5年間の総合的な大気汚染対策「大気汚染防止行動計画」を打ち出しました。その中身は石炭依存率を65%にまで低下させようとするものですが、しかし2010年時点で石炭依存率が66%ですので、石炭依存率65%はほとんど削減目標になりません。これでは、大気汚染対策に取り組む中国政府の本気度が問われます。

2015年4月末上海で、日本・中国・韓国の環境相会議が開催され、そこでPM2.5を共同で観測し、広域データを共有・分析できるようにする「2015年から19年まで5カ年の共同行動計画」が打ち出されました。観測方法を統一して、含まれる化学物質などをより高精度に分析・活用できる協力体制の構築を目指すもので、日本は環境規制の取り組みや地方自治体の環境行政の経験・ノウハウも提供します。こうした国際共同プロジェクトが果たしてどのような成果を上げるか、世界中が注目しています。

海外で発生し、国境を越えて拡散するPM2.5対策には、国内だけの取り組みには限界があります。関係する各国政府が連携して、どれだけ本気になってPM2.5問題に真剣に取り組むか、国際的な協力態勢が重要なカギを握ります。

(3)PM2.5は、人々の健康にどんな影響を及ぼすか

PM2.5は、火山活動や土壌、植物の花粉、黄砂のような自然の営みから発生するもの（自然起源のもの）もあれば、自動車などの排気ガス、ボイラーや焼却炉から出る煤煙、鉱物の堆積場から出る粉塵、塗装など人間の営みから発生するもの（人工起源のもの）もあります。また、大陸から飛んでくるものもあれば、国内で発生するものもあります。

PM2.5の発生源はいろいろあり、何でできているか主成分の組成もいろいろ異なります。それらを正確に選り分けるのは時間と労力が掛かり、とても不可能なことです。そこで、現在では粒径の「大きさ」で

PM（微小粒子状物質）の種類をふるい分けています。たとえば、PMの中でも粒径が10μmより小さいものはPM10（SPM）とか、2.5μm以下のものはPM2.5とかいったように。いずれにしてもPM2.5のような微小粒子状物質はどこにでも発生して、空気中に普通に存在するものです。

PM2.5には、硫酸塩、硝酸塩、有機化合物、煤（すす）などが含まれています。硫酸塩や硝酸塩は、それぞれガス状のSO_X（硫黄酸化物）とNO_X（窒素酸化物）が空気中で変化して粒子化したものです。大部分は1μm以下の微小微粒子で、PM2.5の中でもとくに小さな部類に入ります。その他、不純物の多い石炭を燃焼した時や、ディーゼル車の排気ガスや排気微粒子（DEP）など、微量ですが発がん性のある多環芳香族炭化水素（PAH）なども含まれます。

これらの含有物質の環境濃度が上昇した場合、人間の健康にどのような影響を及ぼし、どの程度危険なのか。これまでにさまざまな疫学調査やラットなどによる動物実験によって、病気や疾患の発生頻度や分布状況、原因物質の特定、因果関係や発症メカニズムなどが解明されてきました。

PMでも粒径の大きなもの（10μm以上）は、呼吸する際に鼻毛で捉えられたり、のどの粘膜に付着して気管支や肺の奥まで入り込むことはめったにありません。しかし、PM2.5のような粒径が2.5μm以下の微小な粒子状物質は、気管支や肺の奥深くまで入り込んで気管支炎や気管支喘息、肺炎などさまざまな呼吸器系障害を引き起こします（**図0-2**）。それだけではありません。これら微小微粒子は血液に取り込まれて各器官に運ばれ、循環器系や脳神経系、さらには生殖系器官にさまざまな悪い影響を与え、健康被害をもたらす可能性が懸念されます。

PM2.5のような微小微粒子はいったん気管支や肺の奥深くに流入し、また血液中に取り込まれたら、それらを排出するのは極めて困難です。体内に入ったPM2.5は器官内部に沈着してさまざまな健康障害を引き

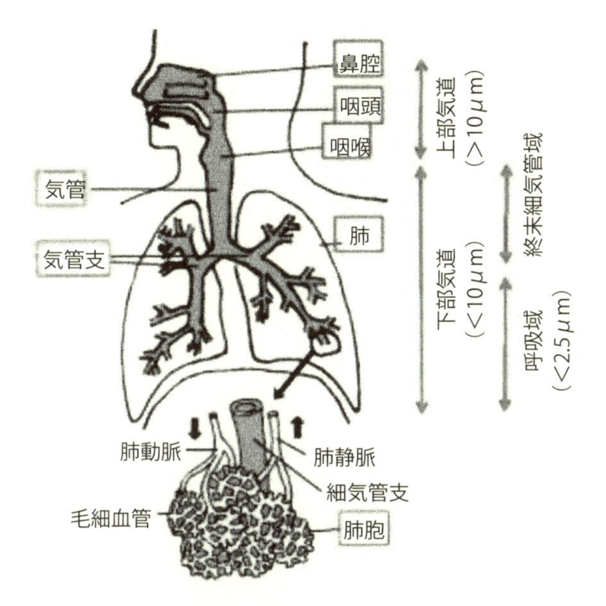

出典：環境省ウェブサイトより

図0-2　人の呼吸器と粒子の沈着領域（概念図）

起こし、疾患をもたらします。

⑷PM2.5問題には、なぜ科学的知識と正しい理解が必要か

PM2.5問題は、これまで誤った情報提供やネガティブな報道がなされたこともあって、誤解や偏見が生まれやすいのです。たとえば、「PM2.5はもっぱら中国から飛んでくるもの」「夏になれば気にしなくてもよいもの」とか。あるいは「PM2.5をごく僅かでも吸い込めば、すぐに気管支炎や喘息になる」「PM2.5には発がん性物質が含まれており、少量でも吸い込めばがん発症のおそれがある」とか。さらには「PM2.5が僅かでも付着した食品を食べたら、健康に悪影響がある」とか。こういった誤解や偏見が結構ありますが、それらをただすには、どうしてもPM2.5

問題に対する科学的な知識と正しい理解が必要です。

PM2.5のような粒子状物質は、戸外でも、室内でも、どこにでも、季節を問わず年中大気中に漂っていて普通に存在しているものです。確かに、日本のPM2.5は中国から飛来したものが圧倒的に多いのですが、自然起源にせよ人工起源にせよ、国内で発生したものも結構あります。決して中国だけがPM2.5の発生源ではありません。

空気中のPM2.5を少量吸ったからといって、すぐに気管支炎や喘息になるわけではありません。確かに、高濃度のPM2.5を長期間にわたりたくさん吸い続ければ、気管支炎や喘息など、さまざまな疾患を発症します。PM2.5には発がんリスクのあるPAH（多環芳香族炭化水素）のような有毒物質が微量含まれていますが、僅かな量なのでそれだけで健康に悪影響を与えることはありません。

大切なことは、大気中PM2.5の環境濃度が、健康に影響のない許容範囲のレベルであるかどうかにあります。許容範囲のレベルなら別段問題はありませんが、許容範囲を超えた高濃度のレベルであれば、当然健康に悪い影響を与えます。

食品の安全についても、PM2.5で食品が汚染されることはありません。少量のPM2.5が付着した程度なら水洗いで取り除かれ、健康に問題はありません。万が一、少量のPM2.5が付着した食品を食べたとしても、消化液中の塩酸や酵素などで分解されますので、健康に直接影響を与えることはありません。

PM2.5は、人間の目に見えない微小な粒子状物質ですので、どうしてもさまざまな心配やリスクが先立ち、誤解や偏見に陥りやすい傾向にあります。そうかといって大気中のPM2.5のような微粒子を完全にゼロにすることはできません。科学的知識と正しい理解でもって、PM2.5と上手に付き合っていくことが大切になります。

「もっと知りたいPM2.5の科学」

目　次

第7章 PM2.5を防ぐにはどんな対策グッズがありますか

第1章

PM2.5とは何か

―その定義と環境基準の取り組み

1

PM2.5とはどのようなものか、粒径の大きさで定義

PM（Particulate Matter）は、直径がμm（マイクロメートル：1ミリメートルの1000分の1）レベルという目で見えないほどの大きさの固体や液体の粒子状物質のことを言います。PMには、燃焼で生じた煤、風で舞い上がった土壌粒子（黄砂など）、火山活動で放出された火山ガスや火山灰に含まれる化学物質や微粒子、工場や建設現場で生じる微塵、自動車や航空機などから排出される排気ガス、火力発電所などで石油燃焼により生じる揮発性有機化合物が大気中で変質した微粒子など、実にさまざまな粒子が含まれています。

これら微粒子は「どこで発生したものか」「何でできているのか」その成分を詳しく調べて厳密に区別することは不可能です。そこで、「粒径の大きさ」でPMをふるい分けています（**図1-1**）。たとえば、粒径の大きさが10μm以下のものは「PM10」とか、同じく粒径が2.5μm以下のものは「PM2.5」といったように。PM10やPM2.5のような、粒径が10μm以下の小さな微粒子は100%完全に捕集することは困難です。そこで50%の捕集効率（透過効率）を持つフィルターを通して捕集された（透過された）ものをそれぞれ言います。

なお、日本の環境基準ではPM10は採用されておらず、その代わり「浮遊粒子状物質」（SPM：Suspended Particulate Matter）が採用されています。PM10とSPMは厳密に言えば異なります。SPMはPM6～7のレベルに相当し、PM10より少し小さい微粒子を言います。SPMは1972（昭和47）年に日本の環境基準で設定されたもので、日本のみに用いられる基準です。PM10、SPM、PM2.5よりさらに粒径が小さい「超微小粒子」があります。超微小粒子は、PM2.5より粒径が1桁以上

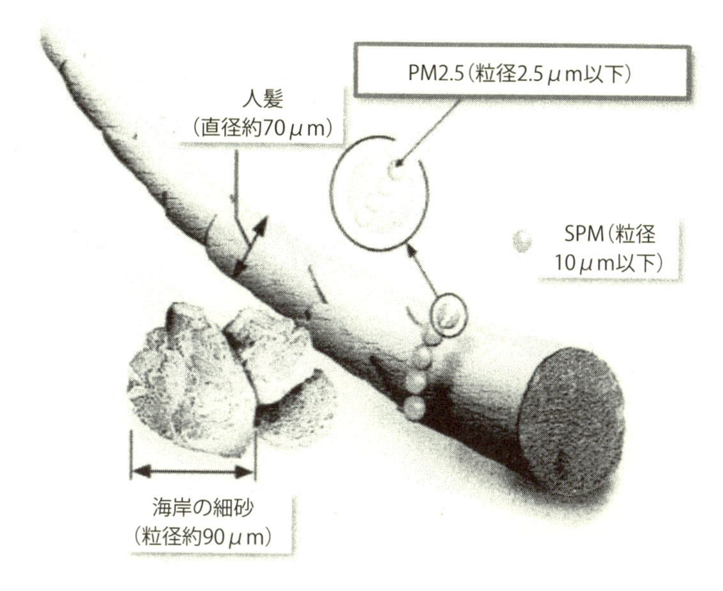

出典：米国環境保護庁資料

図1-1 PM2.5の定義—PM2.5の大きさ

小さい0.1μm（PM0.1）以下の極めて微細な微粒子を指し、健康への影響はPM2.5よりも大きいと言われます。

PMは、粒径の大きさによって、「一次生成粒子」と「二次生成粒子」に分けています。一次生成粒子とは、微粒子として直接大気中に放出されるもので、粒径が2μmより大きい粗大粒子が多いのです。具体的には、煤煙、粉塵、土壌粒子（風塵、砂塵嵐、黄砂など）、海上粒子などで、一般的に、自然起源のものは粒径の大きい粗大粒子が多いのです。

それに対して、二次生成粒子とは、気体（ガス状のものなど）として大気中に放出されたものが大気中で反応し微粒子として生成されるものです。粒径が2μmより小さい微小微粒子が多く、たとえば、ガス状で放出された硫黄酸化物（SO_X）、窒素酸化物（NO_X）、揮発性有機化合物

(VOC) などが大気中で反応して粒子化したものを言います。具体的には、石炭・石油・木材の燃焼、原材料の熱処理、製鉄など金属の製錬により生じる微粒子、ディーゼル排気微粒子などを言い、人工起源のものが圧倒的に多いと言えます。これらは気管支や肺の奥に流入し沈着したり、血液中に取り込まれたりすると健康に影響を及ぼします。

2

PM2.5に関する本格的な調査研究は、1970年代に米国で始まった

PM2.5が健康にどのような影響を及ぼすか。PM2.5の疫学調査（人間集団の健康に関する事象の頻度や分布を調査し、その要因を明らかにする科学的な調査研究）は、1970年代に米国で始まりました。その発端になったのは、1970年代に米国東部6都市を対象に長期間にわたって行われたハーバード大学による「大気中の粒子状物質の環境濃度と死亡者数との相関」に関する疫学調査でした。米国では、それまで大気中のPM10の環境濃度と死亡者数との相関に関する疫学調査はいろいろと行われてきましたが、PM10より粒径の小さな微小粒子状物質の環境濃度と死亡者数の相関についての本格的な調査はそれまで行われてきませんでした。

PM2.5に関するハーバード大学の疫学調査では、「PM2.5の環境濃度がPM10濃度よりも死亡者数と高い相関がある」ことが報告されました。これは、PM2.5のような粒径の小さな微小粒子状物質の環境濃度ほど健康に及ぼす影響が大きいことを表します。なぜなら、小さな粒子状物質の方が大きな粒子状物質よりも健康に影響を及ぼす有害物質が多く含まれているからです。

ハーバード大学によるPM2.5の調査報告は、世界的にも大きな反響を呼びました。小さな粒子状物質の環境濃度が高まれば、健康に大きな影響を与え、死亡者数も増えることが、大規模な疫学調査による科学データによって裏付けられたからです。PM2.5のような粒径の小さい微小粒子状物質に絞ってより詳しく分析すると、それまでの粒径の大きな粒子状物質分析では容易に分からなかった健康影響との相関がいろいろ具体的に見えてきました。

PM2.5の環境濃度が高まると、人の健康にさまざまな影響を及ぼします。気管支炎や気管支喘息など呼吸器系疾患を発症したり、血液中に取り込まれると脳や心臓など循環器系疾患を引き起こしたりします。

ハーバード大学のPM2.5の疫学調査がきっかけとなって、1970年代後半から1980年代にかけて米国や欧州では粒径の小さな粒子状物質の人体の健康影響に関する調査研究がなされ、それらの成果が数多く発表されました。こうした研究成果もあって、米国では1997年にPM2.5の環境基準が設けられ、規制化されました。それまでのPM10の環境規制にPM2.5の環境規制が追加されたのです。

米国において、PM2.5の疫学調査や環境規制がなぜ世界に先行して行われたか。その理由はいろいろ考えられます。車社会である米国では自動車の排気ガスによる健康影響に関して国民の関心は高く、また厳しい環境規制が設定されています。大気汚染による環境破壊に対して国民の厳しい監視の目があることも社会的理由として上げられます。

3 米国、EU、WHOのPM2.5の大気環境基準の設定と取り組み

米国での粒子状物質に関わる環境規制の取り組みは、大気清浄法（CAA：Clear Air Act）に基づいて1971（昭和46）年にTSP（Total Suspended Particles：全浮遊粒子状物質）を対象にした大気環境基準を設定したのが始まりです（**表1-1**）。これは1987年の第一次改定でPM10を指標にした環境基準に変更されました。そして、1997年の第二次改定では新たにPM2.5を対象にした大気環境基準が設定されました。

当時、PM2.5の大気環境基準の設定には産業界の強い反対があり、米国環境保護庁（EPA：EnvironmentalProtection Agency）は、産業界から提訴されていったん敗訴しました。しかし、2001年の最高裁判決でEPAが勝訴し、PM2.5の大気環境基準の設定が認められました。

大気清浄法に基づく大気環境基準は、全国一律に適用される基準です。そのため、同法に基づいて州政府はその基準を達成することが義務付けられています。汚染物質の濃度がこの基準を超える場合は、基準達成のため排出物質の削減努力が要求されます。米国では大気汚染防止や発生源対策の責任は州政府にあります。

米国環境保護庁（EPA）は、2006年9月に粒子状物質の大気環境基準の第三次改定を行っています。その際、PM2.5の24時間平均基準を強化してPM10の年平均基準を廃止することにしました。

〈米国のPM10、PM2.5の大気環境基準〉

米国2006年改訂　PM2.5　24時間平均で35μg/m^3、年平均で15μg/m^3
　　　　　　　　PM10　24時間平均で150μg/m^3

ですが、さらにEPAは2013年に年平均基準を強化して新たな基準値

**表1-1　米国環境保護庁（EPA）による
粒子状物質に係る大気環境基準の改定推移**

	指標	平均時間	基準値
制定（1971）	TSP	24時間平均*1 年平均（幾何）	$260\ \mu g/m^3$ $75\ \mu g/m^3$
第1次改定（1987）	PM_{10}	24時間平均*1 年平均（算術）	$150\ \mu g/m^3$ $50\ \mu g/m^3$
第2次改定（1997）	$PM_{2.5}$	24時間平均*2 年平均（算術）	$65\ \mu g/m^3$ $15\ \mu g/m^3$
	PM_{10}	24時間平均*1 年平均（算術）*4	$150\ \mu g/m^3$ $50\ \mu g/m^3$
第3次改定（2006）	$PM_{2.5}$	24時間平均*2 年平均（算術）*5	$35\ \mu g/m^3$ $15\ \mu g/m^3$
	PM_{10}	24時間平均*1 ―	$150\ \mu g/m^3$ ―

注：
＊1 超過が年一回を超えないこと
＊2 1年間の24時間平均値の98パーセンタイル値の3年間平均値が基準値を超えないこと
＊3 各モニターの年平均値を一定空間内の指定されたそニター問で平均して得た空間的年平均値の3年間平均値が基準値を超えないこと
＊4 各モニターの年平均値の3年間平均値が基準値を超えないこと。
＊5 各モニターの年平均値の3年間平均値が基準値を超えないこと。ただし、定空間内の各サイトの年平均値が空間的年平均値の10%以内であり、各2つのサイトにおける24時間値の相関係数が暦年で0.9以上であり、同じ主要な発生源の影響を受ける場合は、空間的平均値を用いることができる。
（出典：環境省ウェブサイトより）

米国2013年改訂　PM2.5　年平均で$12\mu g/m^3$
を発表しています。

大気環境基準値は、PM10やPM2.5の重量濃度で示されます。重量濃度は「$\mu g/m^3$」の単位で示され、大気$1m^3$当たりにPM2.5が何マイクログラム含まれているかを表します。

EUの大気環境基準は、EU指令（directive）に基づいて決められて

表1-2　EUによる粒子状物質に係る大気環境基準の推移

○人の健康保護のための限界値（又は濃度上限）

	指標	平均時間	基準値	許容限界
制定（1980）	SP*1*2	24時間平均*3 年平均	300 μ g/m^3 150 μ g/m^3	— —
改定（1999）	PM_{10}*2	24時間平均*4 年平均	50 μ g/m^3 40 μ g/m^3	50%*5 20%*6
改定提案（2005）	$PM_{2.5}$*7	24時間平均 年平均	— 25 μ g/m^3	— 20%*8
	PM_{10}*2	24時間平均*4 年平均	50 μ g/m^3 40 μ g/m^3	50% 20%

注：
＊1 重量法による測定値。
＊2 限界値。人の健康と環境全体に対する有害影響を回避・防止又は削減することを目的として定められるものであり、所定の期間内に達成され、達成後はそれを超えてはならない。
＊3 日平均値の95%値。
＊4 年間の超過回数が35回を超えてはならない。
＊5 指令発効時に50%。2001年1月1円以降毎年同じ年率で減少し、2005年1月1円に0%とする。
＊6 指令発効時に20%。2001年1月1日以降毎年同じ年率で減少し、2005年1月1日に0%とする。
＊7 濃度上限。人の健康に対する不当な高リスクを防止することを目的として定められるものであり、所定の期間内に達成され、達成後はそれを超えてはならない。
＊8 指令発効時に20%。2005年1月1日以降毎年同じ年率で減少し、2010年1月1日に0%とする。
（出典：環境省ウェブサイトより）

おり、指令達成のための具体的な実施形態や方式は加盟国の選択に任されています。EUは、2001年に「欧州大気清浄計画」（CAFE：Clear Air For Europe Programme）を発表し、粒子状物質による大気汚染問題に積極的に取り組みました。そして、2005年欧州委員会においてPM2.5の新たな環境基準値が提案され、2008年改定でより高い基準値が提案されています（**表1-2**）。

表1-3 WHO（世界保健機関）による
粒子状物質に係る大気質指針（AQG）および暫定目標（IT）

指標	平均時間	暫定目標-1	暫定目標-2	暫定目標-3	大気質指針
$PM_{2.5}$	24時間平均*1 年平均*2	75 $\mu g/m^3$ 35 $\mu g/m^3$	50 $\mu g/m^3$ 25 $\mu g/m^3$	37.5 $\mu g/m^3$*3 15 $\mu g/m^3$	25 $\mu g/m^3$ 10 $\mu g/m^3$
PM_{10}	24時間平均*1 年平均*2	150 $\mu g/m^3$ 70 $\mu g/m^3$	100 $\mu g/m^3$ 50 $\mu g/m^3$	75 $\mu g/m^3$*3 30 $\mu g/m^3$	50 $\mu g/m^3$ 20 $\mu g/m^3$

注：
＊1 99パーセンタイル（3日/年）
＊2 PM2.5指針値の使用が望ましい。
＊3 管理目的のためのもの。年平均指針値に基づく；厳密な数値は地域における1日平均値の頻度分布に基づいて決定する。$PM_{2.5}$又はPM_{10}の値の頻度分布は通常、対数正規分布で近似される。
（出典：環境省ウェブサイトより）

〈EU指定のPM2.5の大気環境基準〉

EU2005年改訂提案　PM2.5　年平均で25 $\mu g/m^3$
EU2008年改訂提案　PM2.5　年平均で20 $\mu g/m^3$

PM2.5など大気汚染問題は先進国だけでなく、新興国や途上国を含めていまや地球規模で取り組むべき世界的な課題です。そのため、世界保健機関（WHO：World Health Organization）は、各国の環境保護政策の指針とすべき環境基準（大気質指針）を作成し、その基準値を示しています。そして、2007年に粒子状物質PM2.5とPM10の環境基準（大気質指針）をそれぞれ設定しました（**表1-3**）。

〈WHOのPM2.5、PM10の大気環境基準〉

WHO2007年指針	PM2.5	**24時間平均で**	**25 $\mu g/m^3$**
		年平均で	**10 $\mu g/m^3$**
	PM10	**24時間平均で**	**50 $\mu g/m^3$**
		年平均で	**20 $\mu g/m^3$**

4

日本のPM2.5環境基準と注意喚起暫定指針の設定

PM10やPM2.5の環境規制の米国の先行的取り組みに対して、日本はSPM（浮遊粒子状物質）の環境基準こそ1972（昭和47）年に初めて設定しました（その後改定）が、肝心のPM2.5の環境基準は米国から遅れること12年後の2009年にようやく設定されました（**表1-4**）。取り組みが遅れた理由としては、1970年代から1980年代にかけて日本は高度経済成長期に当たり、モータリゼーションの進展が目覚ましく、そのため環境規制の取り組みがそのスピードに追い付かなかったことが上げられます。

〈日本のPM2.5、SPMの大気環境基準〉

2009年告示　PM2.5　1年平均値が15μg/m³以下で、かつ
1時間値が35μg/m³以下であること

1973年告示　SPM　1時間の1日平均値0.10mg/m³（100μg/m³に相当）

1996年改訂　以下、かつ1時間値が0.2mg/m³（200μg/m³に相当）以下であること

表1-4　日本のPM2.5、SPMの環境基準

PM2.5	1年平均値が15μg/m³以下、かつ1時間平均値が35μg/m³以下であること（2009年9.9告示）
SPM	1時間値の1日平均値0.10mg/m³（100μg/m³相当）以下、かつ1時間値が0.2mg/m³（200μg/m³相当）以下であること（1973.5.8告示、1996年改正）

（出典：環境省）

表1-5　環境省による注意喚起のための暫定的な指針

レベル	暫定的な指針となる値	行動のめやす	注意喚起の判断に用いる値※3	
			午前中の早めの時間帯での判断	午後からの活動に備えた判断
			5時～7時	5時～12時
	日平均値（$\mu g/m^3$）		1時間値（$\mu g/m^3$））	1時間値（$\mu g/m^3$）
II	70超	不要不急の外出や屋外での長時間の激しい運動をできるだけ減らす。（高感受性者※2においては、体調に応じて、より慎重に行動することが望まれる。）	85超	80超
I	70以下	特に行動を制約する必要はないが、高感受性者は、健康への影響がみられることがあるため、体調の変化に注意する。	85以下	80以下
（標準基準）	35以下※1			

※1 環境基準は環境基準法第16条第1項に基づく人の健康を保護する上で維持されることが望ましい基準
PM2.5に係る環境基準の短期基準は日平均値35 $\mu g/m^3$であり、日平均値の年間98パーセンタイル値で評価

※2 高感受性者は、呼吸器系や循環器系疾患のある者、小児、高齢者等

※3 暫定的な指針となる値である日平均値を超えるか否かについて判断するための値

環境省では、注意喚起のための暫定的な指針が示されたことを受けて、PM2.5に関する情報を分かりやすく提供するため、「微小粒子状物質（PM2.5）に関するよくある質問（Q&A）」を作成しました。今後も随時情報を追加していきます。
（出典：環境省ウェブサイトより）

日本のPM2.5の環境規制の取り組みで非常にユニークなのは、正規の環境基準だけでは不十分であると考え、国民の健康を守るために専門家による「注意喚起のための暫定指針」を設定していることです（**表1-5**）。こうした注意喚起指針を設定しているのは日本だけです。

〈注意喚起のための暫定指針〉

レベル	暫定指針となる値	午前中の早い時間帯の判断	午後からの活動に備えた判断	行動の目安
	1日平均値	（5時～7時）1時間値	（5時～7時）1時間値	
	70超μg/m^3	85超μg/m^3	80超μg/m^3	不要不急の外出や屋外での激しい運動を減らす。高感受性者は慎重な行動
	70以下μg/m^3 PM2.5の短期基準、1日平均値35μg/m^3	85以下μ/m^3	80以下μg/m^3	とくに行動制約なし。だが、高感受性者は健康影響あり。体調変化に要注意

環境基準や注意喚起指針は、それぞれの基準値を超えたらすぐに危ない、健康に影響があるというわけではありません。たとえば、PM2.5濃度は環境基準の35μg/m^3以下を維持しておれば、とくに健康に影響はありません。あくまでも、35μg/m^3の基準値をキープしましょうという努力目標の基準です。また、注意喚起指針も、たとえば1日のうちの早い時間を設定して基準値を超える高い数値が出たら、早めに注意喚起を促し、国民に心掛けてもらおうという点に狙いがあります。

5 PM2.5と世間でよく耳にする光化学スモッグとはどう違うのか

PM2.5と光化学スモッグはオーバーラップするところもありますが、両者には決定的な違いがあります。PM2.5は微小な粒子状物質が主成分ですが、それに対して光化学スモッグは光化学オキシダントと呼ばれる大気中の酸化性物質が主成分です。

光化学スモッグは、工場や自動車から放出される排気ガスに含まれる窒素酸化物（NO_X）や揮発性有機化合物（VOC）が大気中で紫外線を浴びることで光化学反応を起こして光化学オキシダント（OX）を発生します。その成分はガス状になったオゾン（O_3）がほとんどです。

これら成分は強力な酸化物ですので、目に入ったりのどに付着したりすると痛みや炎症を起こします。光化学スモッグが発生すると、目がチカチカする、目に痛みが出る、涙が出る、のが痛い、咳が出るといった多くの不快感に襲われますが、その濃度が高くなると、呼吸が苦しくなる、頭痛がする、嘔吐する、手足がしびれるといった症状などの健康影響が発生する場合があります。

光化学スモッグは、太陽の日差しの強い晴れた日の無風状態の時に、主要物質である光化学オキシダントが多く大気中に漂っている時に発生しやすいと言われています。季節的には、太陽の日差しの強い春から夏にかけて多く発生します。紫外線の弱い、あるいは太陽の出ていない夜間には、光化学スモッグは発生しません。それに対して、PM2.5は、季節に関係なく大気中に漂っていますが、とくに大陸から季節風に乗って飛来してくる2月から4月にかけての冬場に多く発生します。

日本国内で発生する光化学スモッグは、排ガス規制によりいったん光化学オキシダントの濃度が減少しました。しかし、最近また光化学オキシダントの濃度が上昇しています。それはなぜか。その理由は、国内の発生源のものより中国を発生源とするものが多くなっているからです。国内の発生源より大陸から飛来するものが光化学オキシダントの濃度を上昇させる現象はPM2.5の場合と同じです。

光化学スモッグの発生源が国内の場合には、排ガス規制の強化などによって有効な対策を打つことができますが、中国が発生源の場合にはそれができません。そのため、中国政府の発生源対策がより重要になります。

光化学スモッグは太陽の出ている日中の大気汚染現象ですので、光化学スモッグの主成分である光化学オキシダントを測定・評価する場合、太陽の出ている昼間（5～20時）の時間帯のみを対象にします。光化学オキシダントの環境基準は、「**1時間値が0.06ppm以下**」に定められています。（ppm：parts per million 100万分のいくらかを示す数値で、濃度を表すのに用いられます）

光化学オキシダントは1年間で昼間の時間帯が1回でも環境基準を超えたかどうかで、環境基準に適合しているかどうかを評価します。したがって、1年間で環境基準0.06ppmを超えた時間数がゼロの場合のみ環境基準に適合したと評価されます。環境基準を超えた時間数が1回でもあれば、環境基準を達成できなかったことになります。

このため、光化学オキシダントの環境基準達成率は、現実には1%以下の低い数字にとどまっています。これほど低い達成率では環境基準を設定・評価する意味が少なく、もっと現実の実態を正確に反映した環境基準のあり方が見直される必要もあります。

第2章

危惧されるPM2.5の健康影響について

—健康被害と対応策

1

PM2.5の健康問題でなぜ科学的根拠が必要か

PM2.5に限らず、あらゆる微小粒子状物質（PM）は身体の中に多量に入ってしまえば、健康に何らかの影響を及ぼします。大気中にPMのないところはありません。地球上に生きている限り、人はPMとうまく付き合っていかなければなりません。PM2.5の環境濃度がどの程度なら健康に影響はなく、どのレベルを超えたら影響があるのか。また、高い濃度のPM2.5を吸い込み、体内に入り込んだ場合、健康にどのような影響があるのか。それらが体内に沈潜した場合どの程度危険なのか。これらのことを適切に判断するには科学的な知識と理解が必要です。

環境基準はPM2.5の健康影響を判断する場合の重要な目安になるものです。現在、環境省をはじめ国や自治体では、1時間ごとに測定したPM2.5や浮遊粒子状物質（SPM）の濃度をホームページ上に公開しています。誰もが、それを見て大気中のPM2.5濃度が環境基準値より上か下かを確かめることができます。PM2.5濃度が環境基準値以下なら心配ありませんが、環境基準値を超える場合、それが人間の健康にどのような影響を及ぼすのか。高濃度のPM2.5汚染が続いた場合、健康にどの程度危険なのか、当然危惧されるところです。

PM2.5の健康影響について、それが具体的にどういう病態や疾患を起こすのか、その因果関係や発症メカニズムについて完全には解明されていません。それでもこれまで行われた疫学調査や動物実験の研究成果により、PM2.5の健康影響について多くのことが明確になっています。

PM2.5をはじめ公害問題は、被害者の強い訴えや粘り強い取り組みとともに、被害者の声に応える科学者や研究者の地道な調査や研究なくしてその根本的な解決は不可能です。

日本は、1960年代から70年代にかけて多くの公害問題に直面し、それを克服してきた貴重な経験や知見の蓄積があります。まず何よりも被害者が大きな声を上げて公害問題を世間に訴え、それに科学者や研究者、さらには行政側も応えて科学的な調査・研究や法的な規制を行い、公害問題の根本解決に地道に取り組んできました。四日市公害問題の取り組みはその代表事例です。

こうした経験や知見はPM2.5問題の解決にも役立ち、さまざまなヒントを得ることができます。それだけでなく、現在PM2.5など深刻な大気汚染の公害問題に苦しむ中国にとっても、日本の過去の経験や知見は大いに役立ちます。

2

公害問題の原点「四日市公害」から何を学ぶか

日本の大気汚染公害問題の原点と言われる「四日市公害」は、1950年代中頃から1960年代にかけて発生した深刻な大気汚染による公害問題です。三重県四日市に建設された重化学コンビナートの周辺に住む多くの住民が、気管支や肺に障害を起こし、「四日市喘息」と呼ばれた集団喘息を発症しました。最初の発生は1960（昭和35）年頃で、その後被害は四日市コンビナート周辺全域に拡大しました（**表2-1**）。

表2-1 〈四日市公害の年表Ⅰ〉コンビナートの形成から公害の発生まで

年	月	内　容
S16（1941）～		石原産業㈱四日市工場、大協石油㈱（現、コスモ石油㈱）四日市製油所などの大手企業が操業開始
S30（1955）		水質汚濁・異臭魚の出現
	4	四日市旧第2海軍燃料しょう跡地に昭和四日市石油㈱が進出決定
S32（1957）	11	四日市市午起埋立地（69万㎡）着工→完成（S36.10）
S34（1959）	4	第1コンビナート稼動（石油精製、電力）
S35（1960）		異臭魚がとれる範囲が、四日市の沖合4キロまで広がる
		磯津地区でぜんそく症状を訴える人の増加
	3	東京築地中央卸売市場で「伊勢湾の魚は油臭いので、厳重な検査が必要」と通告
	4	塩浜地区連合自治会、ばい煙、騒音、悪臭等公害について市に陳情
	8	「四日市市公害防止対策委員会」発足
	11	四日市地域で二酸化鉛法によるSO_2（二酸化硫黄）測定、降下ばいじん測定開始
	12	「伊勢湾汚水対策推進協議会」発足（異臭魚の調査と漁業補償）
S36（1961）	9	塩浜地区連合自治会が公害について地区住民にアンケートを実施
	10	四日市総連合自治会での決議（公害の早期解決と工場側の防止設備の改善を求める）

年	月	内　容
S37（1962）	2	四日市市公害防止対策委員会が調査結果を中間報告（ばいじんは川崎より少ないがSO_2は多く、特に磯津はひどい）
	6	「ばい煙の排出の規制に関する法律（ばい煙規制法）」公布
	8	四日市市塩浜地区で初の公害検診実施、磯津地区に気管支系疾患顕著
	8	四日市市住民健康調査実施（以後毎年実施）
	9	「四日市地区大気汚染対策協議会」設立（大気汚染とぜんそく患者の疫学調査）ばい煙の排出基準に関する法律の地域指定訴える
	12	四日市市磯津町に県下で初のSO_2自動測定機設置、測定開始
S38（1963）		この頃より住民運動が活発化する
	7	三重県に「公害対策室」設置
	8	四日市市衛生課に「公害対策係」を配備
	8	塩浜自治会が医療費負担開始
	9	県立大の吉田教授が県医学会で亜硫酸ガスと発作の関係を発表
	11	第2コンビナート本格稼動
	11	厚生・通産両省による四日市地区大気汚染特別調査会（黒川調査団）現地調査
S39（1964）	4	公害患者が肺気腫で死亡（公害犠牲者第1号）
	5	四日市市と三重郡楠町がばい煙規制法の規制地域に指定
	6	四日市市立小学校、幼稚園に空気清浄機設置（189台）
S40（1965）		コンビナート工場の高煙突化
	2	「四日市市公害関係医療審査会」発足
	4	「四日市公害患者を守る会」結成大会
	5	四日市市が公害患者の治療費を負担する制度発足（18人を認定、うち14人が入院患者）（医療費の無料化）
	6	三重県立大学医学部附属塩浜病院に空気清浄室設置（24床）
S41（1966）	3	水質保全法による規制水域（四日市・鈴鹿水域）となる
	8	四日市都市公害対策研究会が都市改造計画「マスタープラン」を答申
	10	「四日市市公害対策審議会条例」制定（四日市市公害防止対策委員会解消）
	11	三重県、テレメータ方式による大気汚染の常時監視開始
	11	四日市市平和町67戸集団移転（S43年まで）
S42（1967）	6	四日市公害対策協議会が「公害犠牲者追悼・抗議の市民集会」を開催
	7	「三重県公害防止条例」公布
	8	「公害対策基本法」公布、施行
	8	「三重県公害センター」を四日市市に設置（大気汚染の常時監視と分析業務を一元化）

出典：四日市市環境部のウェブサイトより

日本の高度経済成長期、四日市には伊勢湾沿岸部に巨大な石油コンビナートが建設され、急速に工業化されました。同時に、それによって周辺地域はコンビナートの化学工場から大量の煤煙、二酸化硫黄（SO_2）や二酸化窒素（NO_2）が大気中に排出され、深刻な大気汚染に襲われました。コンビナートから出る煤煙により、2,000人を超える周辺住民が集団で慢性気管支炎、気管支喘息、肺疾患、アレルギー疾患、心臓病などを患い、大きな社会問題となりました。

1967年9月、大気汚染による公害被害者が「気管支喘息はコンビナートから出る二酸化硫黄や二酸化窒素などの大量排出が原因である」と加害者であるコンビナート企業6社（当時の石原産業、三菱油化、三菱化成工業、三菱モンサント化成、中部電力、昭和四日市石油）を相手に津地方裁判所に公害訴訟を起こしました（**表2-2**）。

表2-2 〈四日市公害の年表Ⅱ〉訴訟から判決まで

年	月	内容
S42（1967）	9	磯津地区の患者9人が6社を相手にして慰謝料請求の訴訟を津地裁四日市支部に提起（四日市公害訴訟始まる）
	11	四日市公害訴訟第一回口頭弁論の前夜、「公害訴訟を支持する会」がもたれ、支持する会が正式に発足
	12	第一回口頭弁論
	12	四日市市雨池町44戸集団移転
S43（1968）	1	三重県公害防止条例によりばい煙排出基準を設定し規制を開始
	3	四日市市立塩浜中学校移転
	6	「大気汚染防止法」公布
	7	「四日市公害を記録する会」発足（機関紙記録「公害」問題を発行）
	7	公害訴訟の現場検証
	9	「四日市地域公害防止対策協議会」（会長県知事、国・県・市・企業・住民・学者）発足（住民と企業の対話による公害防止をめざす）
	10	訴訟提起1年後に「四日市公害認定患者の会」が発足
	10	“きびしい環境基準制定と患者救済の要求署名”4万人余を持ち、バス1台の代表団が上京
	12	硫黄酸化物一般排出基準（K値）設定

年	月	内　容
S44（1969）	4	第十五回口頭弁論（三重県立大の吉田教授が疫学的に因果関係を証言）
	4	三重県公害防止条例施行規則の改正により騒音、振動、ガス、粉じん、臭気の排出基準を設定
	5	四日市市、第3コンビナートと「公害防止協定」締結
	7	「三重県公害対策協議会」発足（伊勢湾汚水対策推進協議会解消）
	10	公害を記録する会が「公害市民学校（第一期）」（週2回、計10回）を、磯津公民館を主会場にはじめる
	12	「公害に係る健康被害の救済に関する特別措置法（健康被害救済法）」公布
	12	健康被害救済法の指定地域（四日市市、三重郡楠町）となる
S45（1970）	2	健康被害救済法に基づく医療費等の給付開始（国の認定464人）
	6	「公害紛争処理法」公布
	7	「硫黄酸化物特別排出基準」設定（最大着地濃度0.009ppm）
	12	「三重県公害対策審議会」設置（前身、公害審議会）
	12	「水質汚濁防止法」（「水質保全法」、「工場排水規制法」廃止）により県下全域が規制範囲となる
S46（1971）	2	「四日市公害と戦う市民兵の会」発足（機関紙「公害トマレ」発行）
	2	第三十四回口頭弁論（被告企業「ウチは磯津に関係ない」）
	4	第三十七回口頭弁論（塩浜病院で初の臨床尋問）
	4	「四日市地域公害防止計画事業（第1期）（S46～50年度）」開始（港湾堆積汚泥浚渫等）
	6	「悪臭防止法」公布
	7	「環境庁」発足
	9	四日市市「医療手当の特別措置要綱」制定
	9	市民兵の会が患者の会と「亜硫酸ガスの検知紙調査」を始める
	9	市内各所で目が痛いと訴える市民があり、公害センターは「四日市特有の光化学スモッグ」と判断
	10	四日市市が大気汚染防止法に基づく政令市になる
S47（1972）	1	三重県、上乗せ排出基準を定める条例施行（大気、水質）
	2	第五十四回口頭弁論（原告最終弁論）結審
		第3コンビナート本格稼動
	4	「三重県公害防止条例」改正、施行（全国で初の本格的な硫黄酸化物の総量規制を導入）
	5	三重県、四日市市内で初の光化学スモッグ測定開始
	6	四日市地区で光化学スモッグ注意報初めて発令
	7	四日市公害損害賠償事件判決→仮執行　（石原産業が代表して9,500万円の賠償金を支払う）
	7	被告6社が控訴断念
	9	磯津地区公害患者の自主交渉開始→11月妥結

出典：四日市市環境部のウェブサイトより

この裁判は、原告（被害者）が多数、被告（加害企業）も多数で、しかも財産権の賠償を争う民事裁判と異なり、大気汚染から「住民の生命・健康を守る」生存権や人格権を争う本格的な初めての公害裁判です。

四日市公害裁判は、住民の集団喘息症状の原因物質が果たしてコンビナートの化学工場から出る煤煙、とくに二酸化硫黄や二酸化窒素などの化学物質であるかどうか、その因果関係や発症メカニズムを立証することが最大の争点でした。

実は、四日市喘息が起こる1960年から、三重県立大学医学部（現三重大学医学部）公衆衛生学研究室の吉田克己教授ら、多くの医学者や環境学者は、四日市喘息の発症原因はコンビナート工場から出る煤煙や化学物質の増加ではないかと疑い、周辺地域のSO_2やNO_2の濃度や降下煤煙の計測を長期にわたって行い、また継続的な疫学調査も行っていました。とくに被害の多い冬場の季節には、SO_2の濃度が時間平均1ppm、年平均0.1ppmという高濃度に達したという報告がなされています（吉田克己著「四日市公害」柏書房（2002）p.45参照）。

四日市公害裁判では、研究者らによる地道な疫学調査や測定結果が大きな役割を果たしています。それとともに、住民市民による公害問題の熱心な取り組みや世論の大きな後押しも大きな力になりました。

1972年、津地方裁判所は原告の主張を認め、被告6社に損害賠償の支払いを命ずると共に、企業の社会的責任を厳しく追及しました。その結果、被告企業は控訴を断念し、四日市公害裁判は原告（被害住民）側の勝訴となりました。

四日市公害裁判がきっかけとなり、国もようやく「公害問題は住民の生命さえ奪う」結果を招くことの重大さを認め、公害対策に本格的に取り組むようになりました。1967年に世界最初の公害対策基本法を制定、1968年大気汚染防止法制定、1971年環境庁設置、1972年大気汚染総量規制、そして1974年に国は「行政が公害被害の民事的救済を行う」という世界で初めての「公害健康被害補償法（公健法）」を施行しました。

一方、企業側も四日市裁判を契機にして、公害対策としてSO_2やNO_2の排出を削減する脱硫装置や脱硝装置を開発し、積極的に導入設置するようになりました。また、地方自治体も企業側と公害防止協定を結ぶとともに、大気汚染監視網の整備に取り組みました。

住民の健康に大きな影響を及ぼしただけでなく、多くの住民の生命まで奪う結果となった四日市公害の教訓から何を学ぶか。とくに、被害者や地域住民の粘り強い訴えに応える科学者たちの継続的な疫学調査や実験研究の成果を無視できず、国や自治体の公害行政や法的な規制強化にどう反映させていったか。国や地方や住民、行政・企業・学界をも巻き込んで、官民学が一体となって公害問題の根本解決に苦闘した日本の経験や知見は、現在深刻な大気汚染や公害問題に悩む中国にとって何よりも貴重な教訓となります。

3

健康影響を調べるには「疫学調査」と「動物実験」が必要

PM2.5の健康影響に関する情報が氾濫している現在、どれが正しく、どれが正しくないかを一般人がきちんと見分けることは容易ではありません。それらの情報が正しいかどうかを判断する場合、科学的な調査研究に基づいて得られた情報かどうかが重要なポイントになります。科学的な知識と正しい理解がないと、とかく科学的根拠の薄い情報に振り回され、誤解や偏見に陥る危険性があります。

PM2.5の健康影響を科学的に調べるには2つの方法があります。1つは「疫学調査」の方法です。もう1つはマウスなど動物を用いた「実験研究」の方法です（**図2-1**）。

疫学調査とは、個人ではなく特定の集団においてある特定の病気が発生・流行した場合、その原因を調べ、病気との因果関係や病気を引き起こす可能性について統計的手法を使って調査する方法です。よく知られる例としては、タバコの喫煙と肺がんの発生率が挙げられます。タバコを喫煙する集団の肺がんの発生率と、タバコを喫煙しない集団の肺がんの発生率を比較調査して、タバコの喫煙量に対する肺がんの発生率の度合いや可能性を調査するものです。

疫学調査でもっとも有力な手法は「コホート研究」と言われるものです。コホートとはもともと古代ローマの軍隊の数百人程度の兵員単位を表す用語であり、それから転じて疫学調査では「ある共通の性格を持つ特定の集団」の意味に使われます。同じ地域に住んでいるとか、同じ年齢層に属しているとか、同じ職業を持っているとかいった、共通の性格（特性）を持つ特定の集団を対象としてある汚染物質の曝露量を調査します。

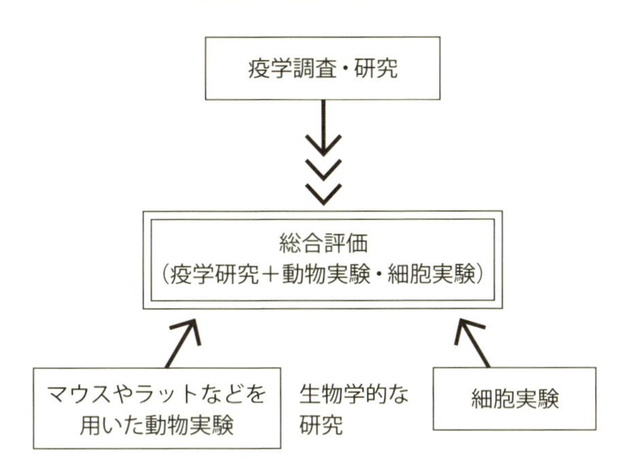

図2-1　疫学研究と動物（細胞）実験

曝露調査では、ある特定の集団からどのような病気が発生し、健康状態がどう変化したかを調べます。そして、曝露調査で得られたデータを収集・分析して、病気の原因を突き止め、病気との因果関係や病気を引き起こす可能性を調査します。その際に統計学的手法が多用されます。

コホート研究には、「前向きコホート」と「後ろ向きコホート」の2つの方法があります。前向きコホートとは、ある集団を対象にして、特定の病気の曝露から病気発生までの過程を将来に向かって追跡し、その原因を突き止め、健康状態がどう変化していくかを調査する方法です。それに対して後ろ向きコホートとは、過去の曝露調査の記録データがある場合、過去にさかのぼって曝露から病気発生の過程を追跡し、その原因を突き止め、因果関係を調査します。とくに、前向きコホート研究は病気の原因とその発生率の相関性を精度よく推論することができる有力な方法だと言われます。

疫学調査はもともと感染症の原因や流行を調べる方法として用いられ、現在ではPM2.5の健康影響の調査にも使われています。たとえば、PM2.5の濃度が上昇した場合、病気発症率がどれだけ増加するかなど、PM2.5濃度と病気発生率にどんな相関性（因果関係）があるかを調べるのに用いられ、得られたデータや知見はPM2.5の発生防止や予防対策に役立っています。

PM2.5の濃度上昇が健康にいかに有害であり、危険であるかを実証的に調べるには、疫学調査データだけでは十分ではありません。実際の動物実験を通じてその有毒性や疾病発症のメカニズムなどを実験データに基づいて具体的に立証することが求められます。実験研究と言っても人間を使って行うことはできないので、マウスやラットなど動物を使って行います。実験研究は疫学調査で得られたデータや知見を具体的に裏付ける役割を果たします。

動物実験を中心としたPM2.5など大気汚染物質の毒性評価研究はこれまでにも多くの研究成果が報告されています。たとえば、ディーゼル車から出る排気微粒子（DEP）を動物に長期間投与し続けると、健康に対してどんな影響を及ぼすか。健康状態の変化を詳しく追跡調査します。そして、その濃度を上げるとどういう健康異状や病気が発生するか。原因物質の有毒性と病気との因果関係、病気が起こる発症のメカニズムなどを解明します。

DEPのような細かい粒子状物質は、気管支や肺のような呼吸系器官だけでなく、血液の中にも入り込み、脳や心臓など循環系器官や脳神経系、生殖系などにも影響を及ぼし、全身症状を起こすことが動物実験によって証明されています。

4

喘息発症の原因はNO_2でなく、ディーゼル車から出るDEP

人が浮遊粒子状物質（SPM）、ディーゼル排気微粒子（DEP）、PM2.5などの微粒子を深く吸い込んだ場合、鼻、のど、気管、気管支、肺胞などの呼吸器系に沈着することで、健康に何らかの影響を及ぼします。

粒径の比較的大きな粒子は鼻や気道の上部で止められます。しかし、粒子径の小さい微粒子ほど気道を通って肺の奥まで達して沈着します。沈着した粒子がすべて病気を起こすわけではありません。ほとんどの粒子は気道の繊毛運動、肺胞マクロファージによる貪食、輸送などのクリアランス機能によって除去されますが、粒径の小さな微小微粒子は肺の奥深くに達して残留し、気管支炎や喘息など呼吸器系疾患を起こす原因になります。

さらに小さな超微小微粒子は血液の中に入り込み、心臓や脳などの循環器系疾患や脳の実質細胞などを損傷して脳神経系疾患を起こす場合があります。

微小粒子が人の健康にどのような影響を及ぼすか。その大規模な疫学調査は米国で初めて行われました。米国では、大都市周辺の大気汚染濃度と心臓疾患などによる死亡率との相関を重視し、コホート研究方式による疫学調査が行われました。その最初の試みが、前にも紹介した1970年代に米国東部の6都市を対象にしたハーバード大学の研究グループによる大規模な疫学調査です。その調査では、「微小粒子（PM2.5に相当―著者注）の汚染濃度が上昇すると、心臓疾患の死亡率も増加する」とする、微小粒子の汚染濃度と心臓疾患の死亡率との相関を示す疫学データが初めて明らかにされました。この調査データの発表は世間に大きな衝撃を与え、PM2.5問題に対する関心を一気に高めました。

日本政府も米国の調査データを見てPM2.5問題に取り組むようになりました。米国ではPM2.5の汚染濃度と心臓疾患の死亡率との相関が明らかになりましたが、日本ではPM2.5の汚染濃度と気管支喘息や肺がんなど、呼吸器系疾患の罹患率との相関に注目が集まりました。肉食中心の米国人にとってはPM2.5汚染濃度と心臓疾患死亡率の相関が大きな関心事でした。一方、健康食の日本ではPM2.5の汚染濃度と喘息・肺がんの罹患率の相関に強い関心が持たれました。

1970年代後半から90年代にかけて、四日市喘息などの公害対策や環境規制の実施により二酸化硫黄（SO_2）の排出量は急速に減少し、SO_2による気管支炎や喘息の発症は克服されたと考えられていました。しかし、現実にはSO_2濃度が減少しているのに、喘息を発症する患者数は逆に増えていたのです。この事実を説明するため当時、学会や行政サイドでは喘息発症の原因物質は二酸化窒素（NO_2）ではないかと考え、疫学調査も行われました。その結果、両者の間に高い相関性を示す調査データが得られました。そのため、環境庁（当時）はNO_2対策に力を入れることになったのです。

ところが、NO_2が喘息発症の原因物質であるとする考えに疑問を抱き、それまでの疫学調査を踏まえた上でマウスを用いた動物実験を繰り返し行い、喘息発症の原因物質はSO_2やNO_2でなくDEPであることを突き止め、その研究論文を国立環境研究所の大気汚染の研究者であった嵯峨井勝氏（現青森県立保健大学名誉教授）が1993（平成5）年に発表しました。当時、多くの研究者の間では、DEPと発がんリスクの相関性を示す研究が熱心に行われていましたが、DEPと気管支喘息との相関性については関心が薄かったのです。

環境庁も、喘息発症の原因物質はNO_2であると考えていましたので、嵯峨井氏の研究結果を認めませんでした。環境庁としては、主要官庁と産業界を説得してやっとNO_X法を受け入れさせたばかりなのに、いまさら喘息発症の原因物質はNO_2でなくDEPでしたとはとても言えな

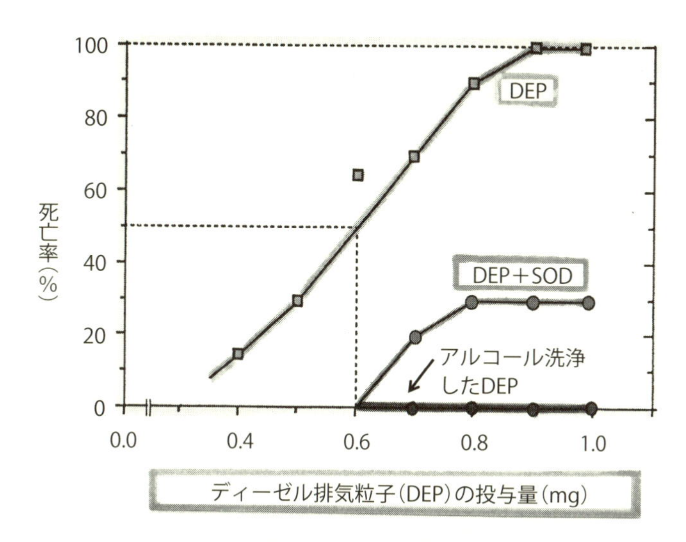

図2-2　ディーゼル排気微粒子（DEP）を気管内に注入した実験での マウスの死亡率曲線

マウスの肺へのDEP注入量の増加に伴い死亡率が増え、0.9mg注入で100%が肺水腫を起こして死亡。その時、尻尾からスーパーオキシド（O_2）という活性酸素を消す酵素（SOD）を投与すると死亡率は30%に低下し、DEPをエタノールで洗った残りのスス（アルコール洗浄したDEP）注入では全く死ななかった。このことは、死因は活性酸素による血管障害であることを示唆する。

（嵯峨井勝著「PM2.5、危惧される健康への影響」（本の泉社）2014、P.64より引用）

かったのでしょう。科学者の研究結果よりも省庁間の政治的都合や事情を優先させたのです。

しかし、嵯峨井氏の実験により「DEPをマウスの気管内に投与すると、喘息と同じ症状を起こす」というデータが次々発表され、またDEPの有害性を示す毒性メカニズムや喘息発症のメカニズムが解明されたことにより、「喘息発症の原因物質はNO_2でなく、DEPである」ことが明白になりました（**図2-2、2-3**）。

嵯峨井氏らの研究成果は、気管支喘息の発症と現実のDEP汚染との

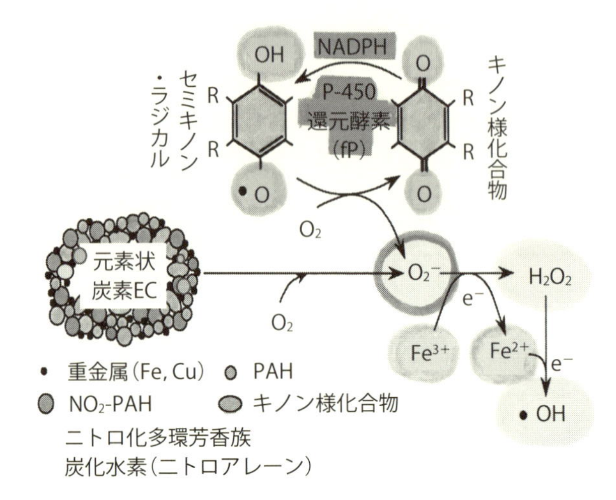

図2-3　ディーゼル排気微粒子（DEP）から活性酸素が生成するメカニズム

DEP中には多環芳香族炭化水素（PAHs）、ニトロアレーン、キノン様化合物、微量重金属などが含まれている。ここでは、キノン様化合物を例として説明。キノン様化合物は、細胞内のNADPHという補酵素とP-450還元酵素（fp）の働きで代謝され自分はセミキノンラジカルになる。この時に酸素に電子を１個渡してO_2^-を作る。このO_2^-は、さらに電子をもらって過酸化水素（H_2O_2）になり、さらに電子をもらって最強の活性酸素のヒドロキシラジカル（・OH）を産生する。
（嵯峨井勝著「PM2.5、危惧される健康への影響」（本の泉社）2014、P.65より引用）

関係に着目し、DPE曝露のための複雑な実験装置を作り上げ、ネズミへの曝露条件を決める試行錯誤をしながら量・反応関係を検討してその発症メカニズムも究明したことにあります。当時、SPMの濃度上昇が児童などの気管支喘息の罹患率を高めること、また、DEPの濃度上昇は発がんリスクを増加させ、そのリスクはダイオキシンよりも強いことなど、注目すべき知見が国内の大学、研究機関、環境庁（当時）などの疫学調査でも発表されていました。

しかし、喘息発症の原因物質がDEPであることを示す研究は、嵯峨井氏らの研究が発表されるまではありませんでした。

一般に、疫学調査は喘息の発症率とDEP濃度との間の相関性を示すことはできても、原因物質を突き止め、その因果関係や発症メカニズムを究明することまではできません。それは動物実験によって初めて可能になるのです。その意味で、疫学調査の知見は動物研究の裏付けによってより信頼性の高いものになります。

嵯峨井氏らの研究は1994（平成6）年に大気汚染学会学術賞を受賞し、大気汚染の研究者など科学界では高い評価を受けました。注目すべきは、この研究結果が科学界で評価されたことにより、当時神奈川県川崎市、兵庫県尼崎市、名古屋市南部、東京都など、DEPなど粒子状物質による幹線道路の沿道汚染に悩む全国の大気汚染訴訟の流れを大きく変えたことです。それを機に、大気汚染訴訟では住民側が勝訴する裁判所の判断が次々と示されたのです。

とりわけ石原慎太郎東京都知事（当時）が1999年にディーゼル車規制条例を発表したことは世論形成に大きな影響を与えました。これを機に行政側はやっと動き出し、東京都をはじめ首都圏4自治体が連携して車両規制に取り組みました。その10年後の2009年に、国も大気汚染防止法を改正して規制強化し、ようやくDEPやPM2.5など微小粒子対策に本格的に取り組み出したのです。

5

体内の細胞を損傷し、病気を発症させる元凶は「活性酸素」

マウスを用いた実験研究の特色は、どのくらいの濃度で病気が発症するかを調べ、その結果からヒトの発症レベルを外挿し、さらにその発症メカニズムを究明することにあります。その物質は動物でもその病気を再現するのか。再現できたら、どのようなメカニズムで病気が起こるのか。それらを究明することが動物実験の最大の目的です。

嵯峨井氏らは、初めにディーゼル車から出る排気微粒子（DEP）を含む溶液をマウスの気管から肺に注入する実験を行いました。まず、0.9mgの高濃度の溶液を1回だけ注入した急性実験を行い、肺の中の毛細血管が損傷され、血液中の水分が肺胞部分に漏れ出して、呼吸ができなくなる肺水腫という症状を起こし、マウスは死亡しました。この時、マウスに活性酸素を消す働きをする酵素を投与すると、死亡率が著しく低下しました。さらに、DEPをエタノールで洗浄して付着している発がん物質などの有機炭素成分を除くと全く死ななくなりました（図2-2）。このことはDEPに付着している有機炭素成分が活性酸素の発生源であることを示しています。つづいて、0.1～0.2mgの微量な溶液を週1回、16週間注入すると、マウスの気管や肺に炎症が起こり、たんの原因になる粘液質が過剰に出るなど、気管支喘息にみられる症状が発現しました（図2-3）。

これらの実験データから「DEPは細胞破壊や炎症・喘息発症、さらには発がんにも深く関わる活性酸素を生み出すこと、その活性酸素がマウスの気道や肺の細胞を破壊し、やがて炎症や喘息や肺がんを引き起こす可能性が高い」と考えました。さらに、喘息の別の実験では急性実験と同じように、活性酸素を分解・除去し、活性酸素の有害な働きを抑え

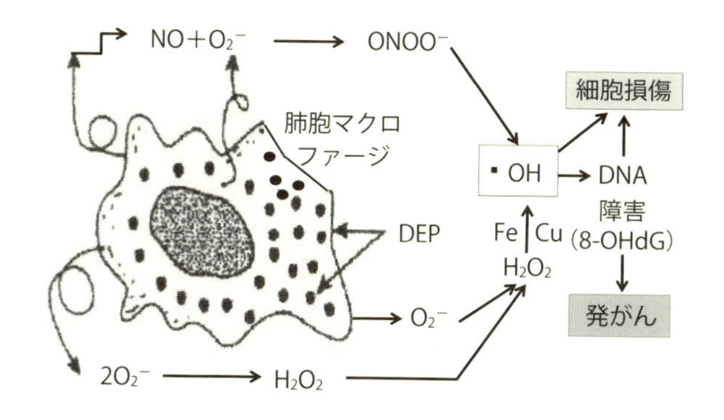

図2-4

マクロファージがDEPを貪食して活性酸素と一酸化窒素（NO）を産生し、それらが細胞損傷やDNA損傷を起こして発がんに導くメカニズム。**マクロファージ**は体内に入った細菌や微粒子などの異物を分解・排除してくれます。この時、細胞表面にある酵素（酸化酵素）を働かせて活性酸素を大量に産生し、その活性酸素をうまく使ってバクテリアを殺します。マクロファージは、免疫機能の中心的な役割を担っています。

（嵯峨井勝著「PM2.5、危惧される健康への影響」（本の泉社）2014、P.68より引用）

る酵素であるSODを注入すると、今度は喘息などの症状もかなり緩和されたのです。

通常、人の体内では活性酸素が増えても、スーパー・オキシド・ディスムターゼ（SOD：Superoxide dismutase）が活性酸素の有害な働きを抑えたり、除去して健康を守ってくれています。しかし、活性酸素が過剰に増えて活性酸素とSODのバランスが崩れると、喘息や肺がんなどさまざまな病気を発症させます（**図2-4**）。

活性酸素の働きは諸刃の剣です。活性酸素は生体を防御する働きと同時に生体を損傷する働きもあります。そのため、活性酸素が増えすぎてバランスが崩れると、細胞や組織を損傷・破壊することになります。

嵯峨井氏らは、実験データから「DEPが組織に入り込むと、そこで活性酸素が過剰に産生され、マウスの免疫機能や体内の細胞が破壊され、それが喘息や肺がんなどの症状を引き起こす」と結論付けました。

DEPやPM2.5に含まれる有機炭素成分が気管支から肺に入り、肺の中で代謝されて多くの活性酸素を生み、それが肺内で最強の活性酸素（・OH）に変わり、肺機能などを破壊して、喘息、肺気腫、肺がんなど呼吸器系疾患を引き起こします（図2-2、2-3、2-4）。

体内で活性酸素が大量に増えると、その有毒性を発揮して免疫機能や組織の機能を破壊してさまざまな病気を起こします。今や人間の病気の90％は活性酸素が原因であるとさえ言われます。たとえば、気管支炎や気管支喘息など呼吸器系疾患、高血圧・脳卒中や心臓病など循環器系疾患、肺がんなどのがん、アレルギー性疾患、糖尿病、老人性痴呆、成人病など、これらの病気はすべて活性酸素が原因で起こります。

SPM、PM2.5、DEPなど大気汚染物質に含まれるもので、活性酸素を発生させる主なものは有機炭素成分です。たとえば、DEPの主成分は炭素系粒子です。PM2.5は炭素化合物、硫酸塩、硝酸塩などが含まれますが、主成分は炭素化合物です。硫酸塩はほとんど毒性はないか極めて弱いと考えられます。体内には硫酸を有効に使う仕組みが存在しているからです。大気中にある程度の硫酸塩濃度ではそれが体内に入っても病気を起こすことはないと思われます。硝酸塩もよほど高い濃度でない限り、病気を発症させることはありません。

DEPやPM2.5に含まれる有機炭素成分が活性酸素（O_2^-）を生み、活性酸素は体内で反応して最強の活性酸素（・OH）に変わり、それが毒性メカニズムを発揮して細胞や器官を損傷し、喘息や肺がん、脳卒中や心臓病などの病気を発症させます。活性酸素の存在が病気の元凶であることがマウスを用いた動物実験によって明らかにされています。

6
アルツハイマー病の発症や生殖系への影響

ディーゼル排気微粒子（DEP）やPM2.5などの微小粒子状物質が血管や脳細胞の中に入ると、短期間のうちに心臓や脳など循環器系に悪い影響を及ぼすということが実験研究や疫学研究で報告されています。血管の細胞はDEPやPM2.5から産生される活性酸素に非常に弱く、血管障害を起こしやすいのです。

DEPやPM2.5の濃度が上昇すると、活性酸素が増加して循環系器官にさまざまな影響を及ぼします。たとえば、心拍数の増加、心拍変動の低下、安静時の血圧上昇、炎症反応の指標であるC-反応性たんぱく質（CRP）濃度や血栓形成に関わるフィブリノーゲン濃度の増加、糖尿病患者における血管拡張障害、虚血症心疾患患者の運動負荷時の心電図異常、心臓停止の危険率上昇などが報告されています。

DEPやPM2.5は脳細胞の中にまで入り込み、そこで活性酸素やサイトカイン（免疫システムの細胞から分泌されるたんぱく質で、特定の細胞に情報を伝達する機能を持っている物質）などを産生し、それらが脳神経細胞の情報伝達機能を損傷して、その結果脳の学習機能や記憶機能が低下し、アルツハイマー病の病態を起こします（**図2-5、2-6**）。これまでの動物実験によれば、DEPやPM2.5の濃度が上昇すると、循環器系疾患を引き起こす危険率が高まることが明らかにされています。

DEPやPM2.5には微量ですが、ダイオキシン、ポリ塩化ビフェニル（PCB）などの有害物質が含まれています。それらが生殖細胞に入ると人体に存在するAhR（芳香族炭化水素受容体：内分泌攪乱物質を細胞の核内に運ぶ役割を果たす）に結合することで環境ホルモン作用を発現して、生殖系器官の異常を引き起こす可能性も指摘されています。

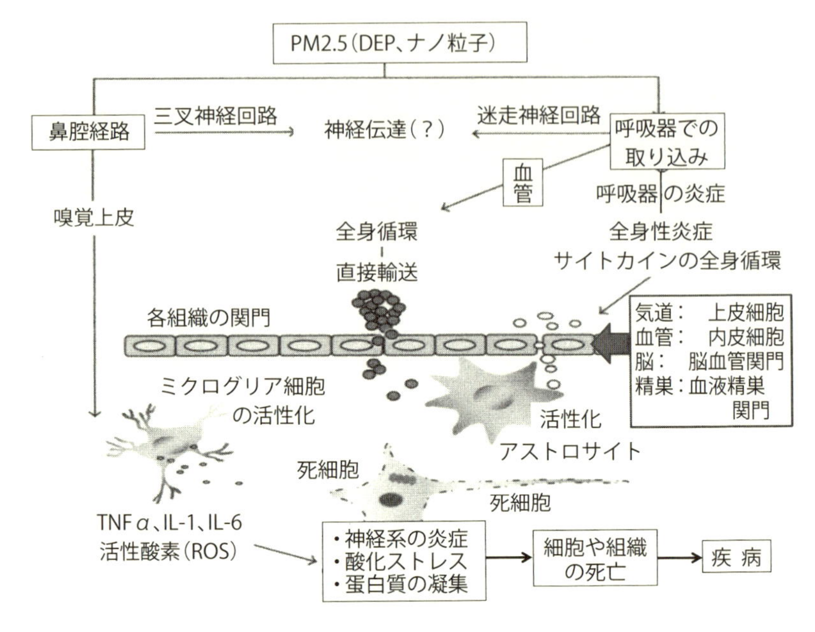

図2-5 微小粒子が呼吸器と嗅覚上皮を介して脳や各組織に取り込まれる仕組み

(嵯峨井勝著「PM2.5、危惧される健康への影響」(本の泉社) 2014、P.39より引用)

環境ホルモンは「外因性内分泌攪乱化学物質」の総称で、「内分泌系に影響を及ぼすことにより、生体に障害や有害な影響を引き起こす外因性の化学物質」(2003年政府見解) のことです。

環境ホルモンが問題にされるのは、その毒性メカニズムにより生殖機能障害や免疫機能異常、発がん作用を引き起こす危険性があるからです。環境ホルモンについてはまだ科学的に解明されていない点も多々残されています。

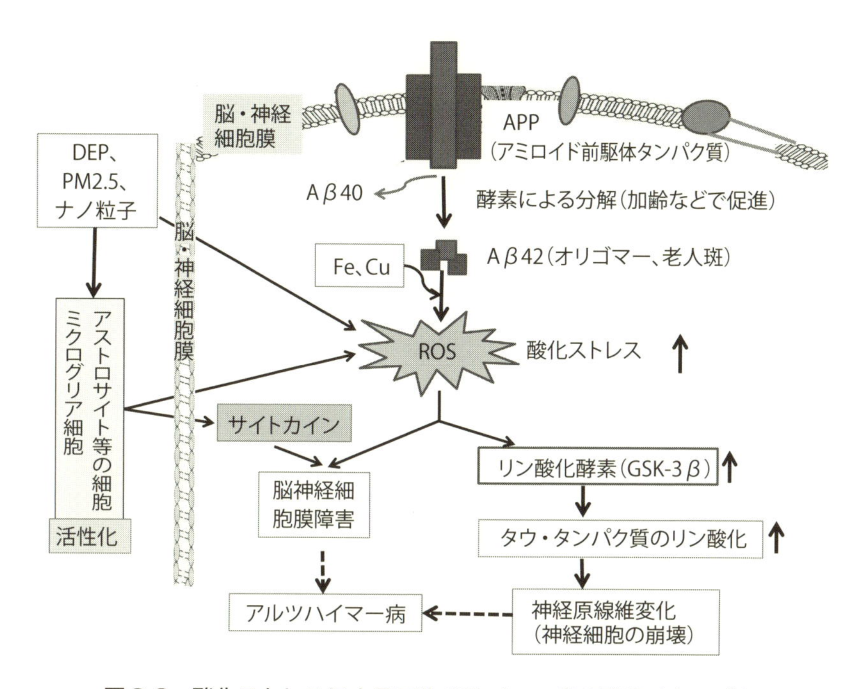

図2-6　酸化ストレスによるアルツハイマー病の発症メカニズム

神経細胞膜内に存在するアミロイド前駆体タンパク質(APP)は加齢によりセクレターゼという酵素により分解され、主にAβ40とAβ42に分解される。このうちのAβ42分子は凝集しやすい性質があり、オリゴマーや老人斑を形成する。それらが脳内の微量の鉄や銅と複合体を作ると多量に活性酸素(ROS)を生成し、このROSが脳・神経細胞を破壊する。また、このROSはリン酸化酵素のGSK-3βを活性化し、脳・神経の微小管タンパク質のタウタンパク質を過剰にリン酸化することで神経原線維変化を起こし、脳・神経細胞を破壊する。また、ミクログリア細胞などがDEPやPM2.5を貪食してROSやサイトカインを産生し、酸化ストレスや炎症などを起こして脳・神経細胞を損傷する。

(嵯峨井勝著「PM2.5、危惧される健康への影響」(本の泉社) 2014、P.87より引用)

7

高齢者、小児、既往歴者ほど PM2.5の健康影響を受けやすい

浮遊粒子状物質（SPM）、ディーゼル排気微粒子（DEP）、PM2.5など微小粒子状物質による健康影響について、高齢者、小児、呼吸器系・循環器系に疾患のある人、感受性の過敏な人ほど健康な人や成人よりも影響を受けやすいとの報告がなされています。

一般に微小粒子状物質によって健康に影響を受けやすいのは次のような人たちです。

- 小児、高齢者。とくに、小児は肺機能の発達が遅れる可能性があります。
- 慢性気管支炎や気管支喘息など呼吸器系疾患のある人
- アレルギー性疾患のある人
- 狭心症、心筋梗塞、動脈硬化、脳梗塞など循環器系疾患のある人
- 糖尿病患者
- 高血圧の人
- 高脂血症、脂質異常症のある人
- 口呼吸する人。鼻呼吸よりも口呼吸の方が微小粒子状物質の気道への流入や肺への沈着率が高く、健康影響を受けやすくなります。
- 感受性が強く、体質的に過敏な人

などです。

また微小粒子状物質による健康影響を受けた場合、次のような病変が現れます。

- 人の気道や肺に炎症反応を誘導します
- 気道反応を亢進させて、気管支喘息やアレルギー疾患を悪化させます

・呼吸器感染の感受性を増加させます
・不整脈が増加します
・動脈硬化などの病変や循環器系疾患の症状を悪化させます
・遺伝子（DNA）損傷を引き起こし、発がんリスクを高めます

呼吸器系疾患のある人、とくに慢性気管支炎や肺気腫を含めた慢性閉塞性肺疾患（COPD）のある人は、健康な人よりも微小粒子状物質の沈着量や沈着速度が大きくなり、人の気道や肺に炎症反応を誘導する可能性が高くなります。また、ディーゼル車から出る排気ガス（DE）やDEPによる影響を受けやすく、気管支喘息やアレルギー性疾患を悪化させる可能性があります。

小児、高齢者、呼吸器系・循環器系疾患のある人、アレルギー性疾患の人ほど、居住区域のPM2.5など微小粒子状物質の汚染状況と体調の変化をチェックして、健康影響へのリスクを減らすよう心掛けることが大事になります

8

PM2.5から身体を守るには どのような健康対策が必要か

PM2.5など微小粒子状物質の汚染状況から身体を守るには、どのような健康対策が必要でしょうか。日頃からSPMやPM2.5の環境濃度や注意喚起情報に気を付け、自分の住んでいる地域の大気汚染状況を把握してチェックすることが大事です。

また注意喚起情報が発表されたら、十分な予防対策が必要です。とくに大気汚染濃度が高い時は、不要不急の外出を極力減らすことが大切です。

〈高濃度時の健康対策〉

・浮遊粒子状物質（SPM）やPM2.5の多い日には不要不急の外出をしないようにしましょう
・SPMやPM2.5の多い日には、児童の通学経路をチェックして十分な予防対策が大事です
・外出する場合は高性能のN95タイプの防塵マスクを着用します（ただし、児童に合うサイズの防塵マスクは少ない）
・外出時は目の保護も大事です。目の充血や痛みを防ぐためゴーグル状のメガネを装着します
・屋外での長時間の激しい運動を避けます
・部屋の換気や窓の開閉をできる限り減らし、空気清浄機を活用します
・洗濯物は屋外よりも部屋干しにします
・帰宅時は必ず手洗いとうがいを徹底します

一般的に注意すべきこととしては

・バランスの良い食事と十分な睡眠を取ります。栄養バランスが崩れ

たり、睡眠不足になると、免疫機能が低下します

・タバコは肺がんなど健康に影響します。禁煙励行です

・呼吸は口呼吸よりも鼻呼吸を心掛けます。鼻呼吸は2.5μmのものも40%は鼻やのどで止められますが、口呼吸だと数%しか止められません

・持病（喘息や糖尿病、アレルギー疾患など）の健康管理には細心の注意を払います

とくに、呼吸器系疾患や循環器系疾患などのある人は、体調に異変や変調を感じたら医療機関による検査を早めに受けて、健康チェックを行う必要があります。

・呼吸器系疾患の場合：慢性気管支炎、気管支喘息、肺気腫、肺がんなど
病状に応じて、採血、胸部レントゲン、胸部CT、肺機能検査などを受けます

・心血管系疾患の場合：狭心症、不整脈、動脈硬化、心筋梗塞など
病状に応じて、採血、胸部レントゲン、心電図、エコー検査、CT検査、心臓カテーテル検査などを受けます

SPMやPM2.5の環境基準や注意喚起の指針は、あくまでもSPMやPM2.5が人の健康にどういう影響を及ぼすかを判断する目安であって、その数値を少しでも超えたらすぐに病気になってしまうとか、まだ数値に達していないので大丈夫だということではありません。PM2.5の存在を地上から完全になくすことはできません。地上にはPM2.5はどこにでも存在しますので、健康への影響に細心の注意を払いながら、必要以上に神経質にはならず、PM2.5の科学的知見に基づき、十分な健康対策を行うことで、いかにPM2.5とうまく付き合っていくかが健康対策のコツです。

第3章

PM2.5はどこから発生し、どんな微粒子か

1

発生源は国内か国外か、一次生成粒子と二次生成粒子

PM2.5など微小粒子状物質は、一般的には「エアロゾル」と呼ばれています。エアロゾルは、大気中に浮遊している微粒子を言いますが、エアロゾルのうち粒子径が2.5μm以下の微粒子がPM2.5というわけです。

PM2.5がどこから発生したのか、その発生地・発生源はいろいろ考えられます。発生地・発生源については、①国内で発生したものと、②国外で発生したものに大別されます。PM2.5というと、「中国から飛んでくるもの」と考える人が多いと思いますが、実際には国内で発生するものも結構多いのです。

2010（平成22）年1年間のデータをもとに、海洋開発研究機構が計算モデルを使ってPM2.5の発生地・発生源を調べたら、九州地方は主な発生源の60%が中国から飛来したものであり、関東地方では国内で発生したものが50%強で、中国からのものは40%弱という結果が出ました。

九州は距離的に中国に近いこともあって中国から飛来したものが多くなります。それに対して、関東の首都圏は幹線道路の自動車交通量が多く、東京湾沿いに大規模な工場地帯があります。また東京湾を往来する多くの貨物船や成田や羽田の空港を離発着する航空機なども発生源です。最近は国内の火山活動が活発化していますが、火山も発生源です。火山から放出される火山ガスや火山灰には硫化水素（H_2S）や二酸化硫黄（SO_2）などの硫黄化合物やさまざまな微小粒子状物質が含まれています。

日本のPM2.5の半分以上は中国から飛来したものですので、国外の発生源については中国政府のPM2.5対策が重要なカギを握ります。中国政府や研究機関は当初、国内のPM2.5など大気汚染データを表に出したが

表3-1　発生源の種類と粒子の種類

<table>
<tr><th></th><th>生源の種類</th><th></th><th></th><th>粒子の種類</th></tr>
<tr><td rowspan="2">国内</td><td rowspan="2">・固定発生源：
工場、発電所、製鉄所、事務所、各家庭から出る大気汚染物質
・移動発生源：
自動車、船舶、航空機などから出る大気汚染物質</td><td rowspan="2">一次生成流子</td><td>一次生成有機粒子</td><td rowspan="2">・発生源から直接大気中に放出されるもの
・化学工場や自動車のエンジン、火力発電所やゴミ焼却炉などから放出される燃焼粒子
・自然から飛散する土壌、花粉、火山灰など</td></tr>
<tr><td>一次生成無機粒子</td></tr>
<tr><td rowspan="2">国外</td><td rowspan="2">・固定発生源：
工場、発電所、製鉄所、事務所、各家庭から出る大気汚染物質
・移動発生源：
自動車、船舶、航空機などから出る大気汚染物質</td><td rowspan="2">二次生粒流子</td><td>二次生成有機粒子</td><td rowspan="2">・ガス状物質が大気中に放出されたもの
・硫酸塩や硝酸塩が代表的なもの
・揮発性有機化合物（VOC）や半揮発性有機化合物（SVOC）も含まれる
・気象や大気の混合状態によって生成条件が複雑に変化する</td></tr>
<tr><td>二次生成無機粒子</td></tr>
</table>

らなかったようです。しかし、このまま対応を先延ばしたままでは健康問題が悪化して国民の不満が高まることを懸念し、最近はPM2.5など大気汚染対策に真剣に取り組み出しました。日本との技術協力や連携にも前向きになっています。中国との関係では、科学者や研究者レベルの交流活動は1990年代から活発に行われております。日本との協力・連携を通じて日本が長年公害問題や大気汚染防止に取り組んできた知見や経験を生かし、日本が持っている予測モデルや有害物質の排除抑制技術などの活用が期待できます。

PM2.5など微小粒子状物質は、生成機構から一次生成粒子と二次生成粒子に分けられます（**表3-1**）。さらに一次生成粒子は一次生成有機粒子と一次生成無機粒子に、二次生成粒子も二次生成有機粒子と二次生成無機粒子に分けることができます。

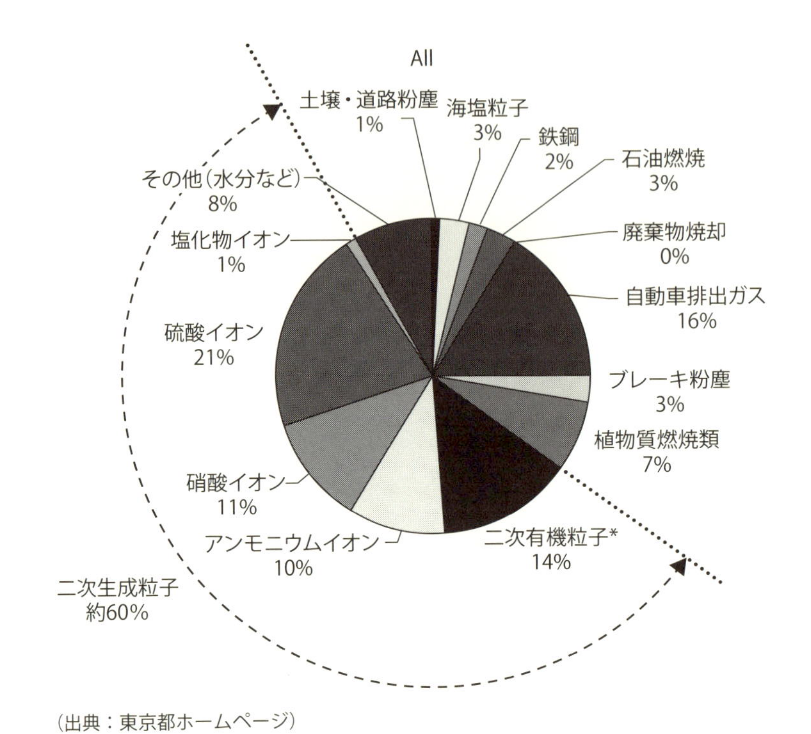

(出典：東京都ホームページ)

図3-1　PM2.5の発生源別寄与割合

一次生成粒子は、発生源から直接大気中に放出されるもので、化学工場や自動車のエンジン、火力発電所やゴミ焼却炉などから放出される燃焼粒子、また自然から飛散する土壌、花粉、火山灰などがあります。

二次生成粒子は、ガス状物質が大気中に放出されたもので、放出後に化学変化して粒子状になったものを言います。硫酸塩や硝酸塩などがその代表です。二次生成粒子のうち、とくに二次生成有機粒子は大気中でPM2.5になりうる揮発性有機化合物（VOC）が多く存在し、またまだ解明されていない半揮発性有機化合物（SVOC）も存在していて、その生成機構は非常に複雑です。二次生成粒子は気象や大気の混合状態によって生成条件が複雑に変化しますので、生成機構の解明を進めることが重要になります。

一般にPM2.5は一次生成粒子よりも二次生成粒子の方がその割合が大きいと言えます（**図3-1**）。そのため、PM2.5の環境濃度を低減させるには、一次生成粒子の対策だけでなく二次生成粒子の対策に重点的に取り組むことが重要になります。

2

自然起源と人為起源、物理的性質と化学的性質

PM2.5などの微粒子は、自然界から発生する自然起源のものと、人工的に発生する人為起源のものとに分かれます（**表3-2**）。

自然起源のもので、一次発生粒子には土壌（黄砂など）、海塩粒子、花粉、カビ、キノコの胞子などがあります。同じく自然起源のもので、二次発生粒子には植物が放出する有機物（テルペン類など）とオゾンなどと大気中で反応してできる生成物、成層圏エアロゾル層（ユンゲ層と呼ばれる火山起源の二酸化硫黄が成層圏で酸化されてできた硫酸の微小流滴）などがあります。

人為起源のもので、一次生成粒子にはものを燃焼した時に出るすす、フライアッシュ（石炭を燃焼した時に出る灰）、種々の煙、スパイクタイヤの粉塵、PAHsと呼ばれる多環芳香族炭化水素などがあります。同じく二次発生粒子には二酸化硫黄（SO_2）が硫酸に、また硫酸（H_2SO_4）や窒素酸化物（NO_X）が硝酸になる過程で、大気中のアンモニウムガスと中和してできるアンモニウム塩（NH_3）、シクロオレフィンや芳香族炭化水素など人間が放出する炭化水素が大気中でオゾンなどと化学反応した結果、生成される物質などがあります。

自然起源のもので、一次発生粒子と二次発生粒子はほぼ同程度の割合ですが、人為起源のものは一次発生粒子より二次発生粒子の方が多いのが現状です。一般に、PM2.5は一次発生粒子より二次発生粒子の寄与割合が大きく、しかも人為起源のもので二次発生粒子はほとんどPM2.5の基準範囲内に含まれます。そのため、人為起源で二次発生粒子の放出をいかに抑えるかがPM2.5対策の重点課題になります。

PM2.5などの微小粒子状物質はさまざまな物理的性質と化学的性質を

表3-2 自然起源と人工起源、物理的性質と化学的性質

	自然起源と人工起源			物理的性質と化学的性質
自然起源	・自然界から発生するもの	・一次発生粒子： 土壌（黄砂など）、海塩粒子、花粉、カビ、キノコの胞子など ・二次発生粒子： 植物が放出する有機物、オゾンなど大気中で反応してできる生成物、成層圏エアロゾル層など	物理的性質	・形状はまるい形状か、雪のようになめらかなものか、ゴツゴツしたものか ・主として物理的な形状や大きさを表すもの
人工起源	・人為的に発生するもの	・一次発生粒子： スス、フライアッシュ、種々の煙、スパイクタイヤ粉塵、PAHsなど ・二次発生粒子： アンモニウム塩、硫酸塩、硝酸塩など	化学的性質	・どういう物質でできているか、主な成分は何か ・主として、成分の種類や化学的な性質を表すもの

持っています。物理的性質とは、微小粒子状物質の粒径の大きさはどのくらいか、形状はまるい球状なのか、雪のようにきれいで滑らかなものか、ゴツゴツしたものなのかを表します。一般的に、球状のものよりも繊維状（針状）のものの方が毒性は強いと言われています。

化学的性質とは、PM2.5の主な成分は何か、どのような物質でできているかを表します。PM2.5はどういう物質で成り立っているか、その成分は非常に多種にわたりますが、主として硫酸塩、硝酸塩、アンモニウム塩などのイオン成分、元素状炭素、有機炭素などの炭素成分、金属成分などで70～80%を占めています。とくに人間が大気中に放出する人為起源の二次発生粒子で、もっとも代表的なものは硫酸塩と硝酸塩です。硫酸塩と硝酸塩は、粒径が1μm以下とPM2.5の中でもっとも小さい部類に入ります。硫酸塩や硝酸塩のようなイオン成分はそれ自体人体

に有害というほどではありません。

一口にPM2.5と言っても、それぞれ成分ごとに物理的性質や化学的性質は異なり、人への健康影響も違います。現在の環境基準ではこれらの物理的性質や化学的性質の多様さには目をつぶり、測定が比較的容易なPM2.5の重量濃度（大気1m^3に含まれる重量）をベースに基準値を採用しています。科学的な研究レベルでは成分の分析技術や方法もかなり進んでいますが、行政レベルにおいてそれぞれの観測拠点に測定装置を設置して、成分分析まで行って環境基準値を決めるのは時間と経費が掛かり過ぎ、現実的には難しいと思われます。ただ、PM2.5に含まれる各成分が人体の健康にどういう影響を与えるかは、科学的な調査や研究を通じてきちんと把握しておく必要はあります。

3

硫酸塩と硝酸塩、元素状炭素（EC）と有機炭素（OC）

PM2.5の主成分は前にも述べましたが、イオン成分、炭素成分、金属成分などから成っています。それぞれの成分に含まれる物質にはどのようなものがあるのか、代表的なものを挙げてみます。

イオン成分の代表的な物質は、硫酸塩と硝酸塩です。

硫酸塩は、硫酸イオンを陰イオンに持った無機化合物を総称して言います。一般にはガス状の硫黄酸化物（SO_X）が大気中で化学反応して硫酸になる過程で粒子化したものや、大気中のアンモニアガスと反応して硫酸アンモニウムになり、それが粒子化して硫酸塩エアロゾル（微小粒子状物質）になります。これらは水に溶けやすく（水溶性）、雲の粒子を形成する際の核になります。

硫酸塩の原因物質は二酸化硫黄（SO_2）です。SO_2は石炭や石油など化石燃料を燃焼した時に発生し、工場や自動車の排気ガスなどが主な発生源となります。とくに、中国の工場では硫黄分の多い石炭を燃焼させたり、集合住宅や各家庭でも石炭ストーブを使っていますので、冬場には大量のSO_2が大気中に放出され、粒子化してPM2.5の原因物質となります。それらが日本にも飛来して影響を及ぼします。日本では工場での脱硫装置設置が進み、また自動車の排ガス規制が強化されたことにより、硫酸塩エアロゾルの発生量は大きく減少しています。

硝酸塩は、硝酸イオンを陰イオンに持った無機化合物を総称して言います。一般にはガス状の窒素酸化物（NO_X）が酸化されて生成した硝酸（HNO_3）が大気中のアンモニアガスと反応して硝酸アンモニウムになり、それが粒子化して硝酸塩エアロゾルになります。これらは水に溶けやすく（水溶性）、硫酸塩と同じように雲を形成する際の核になります。

硫酸塩や硝酸塩の大部分は粒径が1μm以下の極めて小さい微粒子であり、PM2.5に含まれるものの中でもっとも小さい部類に入ります。

炭素成分の代表的な物質は、元素状炭素（EC）と有機炭素（OC）です。

炭素成分は無機炭素と有機炭素に大別されます。無機炭素には元素状炭素と炭酸塩炭素があります。有機炭素には、VOCから生成するさまざまな有機物や多環芳香族炭化水素など多くの種類があります。

元素状炭素はすすなどすべて物質が不完全燃焼する際に生成されるもので、粒径は0.1μm以下の超微粒子です。ECは人間の目には黒く見えるため、黒色炭素（BCブラックカーボン）とも呼ばれています。一般には、ボイラーやエンジンなどで化石燃料を燃焼させた時に排出されるものです。また、ディーゼル車から排出される排気微粒子（DEP）にはECが多く含まれています。炭酸塩炭素は炭酸イオンに含まれる炭素を言い、土壌に含まれる炭酸カルシウムがその代表です。大気中に含まれる割合は非常に小さいと言えます。

有機炭素はPM2.5など粒子状物質に多く含まれており、その数は数百種類以上あるともいわれています。発生源から直接排出される一次生成粒子だけでなく、大気中で化学反応し気体のVOCが凝縮して粒子化したものや、もともと大気中に浮遊している粒子に付着してできる二次生成粒子などもあります。

揮発性有機化合物は蒸発しやすく、大気中でガス状となる有機化合物を総称して言います。代表的なものはトルエン、キシレン、酢酸エチルなどです。光化学オキシダントの原因物質でもあります。これらは塗料、接着剤、印刷用インキなどに使われています。

金属成分は、土壌起源を持つ金属元素、鉛やカドミウムなど微量ですが含まれており、高濃度になると人体の健康に影響を及ぼします。

4

ディーゼル排気粒子、多環芳香族炭化水素、ナノ粒子

地球温暖化防止などの環境問題や人体への健康影響に対する観点から、ディーゼル車から出るディーゼル排気粒子に対する関心が日本、米国、ヨーロッパ（EU）も含めて世界的に高まっています。

ディーゼル排気微粒子（DEP：Diesel Exhaust Particles）は、炭素と灰分から成る固体微粒子の集合であり、実際にはガス成分と粒子成分が混じり合った混在物です。未燃焼料、潤滑油、不完全燃焼生成物、熱分解生成物などに多く含まれています。その大部分は粒径が0.1～0.3μmの細かい粒子であり、PM2.5に含まれるものです。

ディーゼル車から排出される煙は黒っぽく、見るからに大きなすすの粒子といった感じがします。その成分はすすの炭素だけでなく、SOF（Soluble Organic Fraction 多環芳香族炭化水素から構成され、発がん性あり）と呼ばれる高分子の炭化水素や、さらに燃料中に含まれる硫黄が酸化してできるサルフェート（硫酸塩）の混合物など、さまざまな成分が含まれています。これらの成分は人体に吸い込むと、気道や肺に沈着しやすく、気管支炎や気管支喘息など呼吸器系疾患を引き起こします。SOFの成分には、PAH（PAH：Polycyclic Aromatic Hydrocarbon、多環芳香族炭化水素、代表的な化合物はベンゾ（a）ピレン）と呼ばれる発がん性のおそれがある化合物が含まれています（**図3-2**）。微量・低濃度でも長期にわたって摂取し続けると、発がん性リスクなど人体への健康影響が心配されます。

PAHは、石炭や石油などの化石燃料、バイオマス、木材、タバコなどが不完全燃焼した時の副産物として発生する化合物であり、人体の健康に影響を及ぼします。とくにPAHに含まれるベンゾ（a）ピレン、ベ

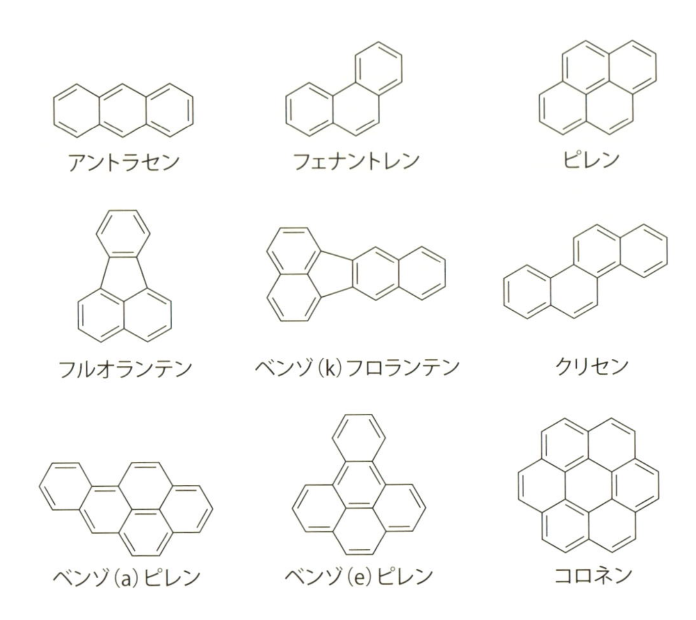

図3-2　大気中に検出される代表的多環芳香族化合物（PAH）

ンゾ（b）フルオランテン、ベンゾ（k）フルオランテン、ベンズ（a）アントラセンなどといった成分は発がん性があります。さらに、PAHは発がん性だけでなく、遺伝子に変化を引き起こす遺伝変異性、催奇形物質、内分泌攪乱作用などのリスクも指摘されています。

東京都は、2003（平成15）年から都の基準を超えて粒子状物質（PM）を排出するディーゼルトラックやバスに対して都内走行禁止などの規制措置を行い、2005年4月1日以降は規制をさらに強化しています。日本のこのような規制措置に対して、米国やヨーロッパ（EU）でも、ディーゼル排ガスの健康影響への関心が高まり、規制強化の取り組みが進んでいます。

大気中には、50nm（ナノメートル：10億分の1メートル）より小さな超微小粒子・ナノ粒子が浮遊しています。50nm以下の超微小粒子となると、光学顕微鏡では見ることができず、電子顕微鏡かX線顕微鏡でしか見ることができません。

ナノ粒子はディーゼル車から出る排気ガスや排気粒子にも含まれていることが分かりました。ナノ粒子は極めて微細な粒子のため、人が呼吸する時、細気管支を通り抜けて肺の細胞の最奥部まで入り込み、呼吸器系疾患などを引き起こして人の健康に様々な影響を及ぼします。ナノ粒子はガス交換に紛れ込み、人の呼吸運動によって肺胞壁の隙間を通過して血管に入り込み、心臓・血管など循環器系を介して全身に回ります。そのため、呼吸器系疾患だけでなく、循環器系疾患も引き起こします。

DEP、PAH、ナノ粒子など毒性のあるこれらの物質が、呼吸器系疾患や循環器系疾患など人体の健康にどのような影響を及ぼすのか、その詳しいメカニズムを科学的に明らかにすることが今後の大きな課題になります。

5

タバコの煙は典型的なPM2.5、健康に大きな影響を及ぼす

タバコの喫煙と肺がんの罹患率の相関はいろいろと指摘され、多くの疫学調査や実験研究が報告されています。とくにタバコを自ら喫煙する能動的喫煙者だけでなく、タバコを自ら喫煙しなくてもその煙を周りで吸っている受動的喫煙者も健康に大きな影響を受けます（**図3-3**）。

タバコの煙は典型的なPM2.5であると言われます。タバコの煙は粒径が0.18μm程度（0.1～0.3μm）と小さいだけでなく、60種類以上の発がん性など有毒物質が含まれています。タバコの煙に含まれる3大有害物質を挙げると、タール、ニコチン、一酸化炭素（CO）です。タールには発がん性物質や発がん性促進物質が含まれています。ニコチンは即効性の非常に強い神経毒性を持っていて、ニコチン自体には発がん性はないものの、代謝物質であるニトロシアンに発がん性が確認されています。一酸化炭素は動脈硬化などを促進する作用があり、人の健康に大きな影響を及ぼします。

日本禁煙学会の調査によれば、自由に喫煙できる喫茶店の喫煙席でのPM2.5の測定値は約600μm/m^3とその濃度は極めて高く、深刻な大気汚染で悩む北京と同じレベルだと言われています。禁煙席でも環境基準値の2倍に当たる70μg/m^3との報告がなされています。また、日本癌学会など18の学会でつくる「禁煙推進学術ネットワーク」の調査によれば、喫煙可能な喫茶店などで測定したところ、喫煙席で平均371μg/m^3以上、禁煙席でも200μg/m^3以上です。能動喫煙の死亡リスクは中国から飛来するPM2.5よりもはるかに高く、同じ建物や部屋の中で分煙しても、受動喫煙の影響を防ぐことはできず、解決策は全面的な禁煙しかないと言われています。

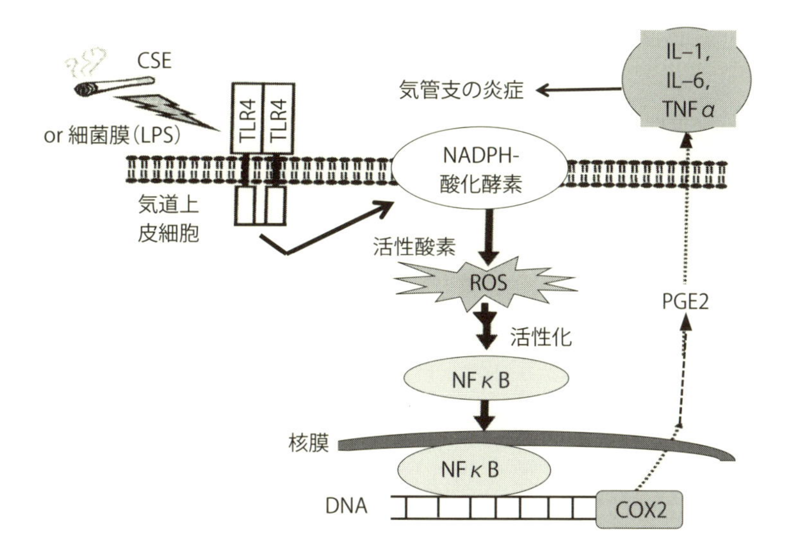

図3-3　タバコ煙あるいは細菌（膜）による気管支炎発症のメカニズム

タバコ煙抽出物（CSE, Cigarette Smoke Extracts）が気道上皮細胞の表面にあるトール様受容体4（TLR4）に結合するとその刺激でNADPH−酸化酵素が活性化され活性酸素（ROS）が生じ、そのROSが核内転写因子のNFκBを活性化する。活性化されたNFκBは核内に移行し、そこで炎症関連遺伝子（COX2等）を活性化し、炎症性サイトカインを多量に産生して気道の炎症である気管支炎を引き起こす。
（嵯峨井勝著「PM2.5、危惧される健康への影響」（本の泉社）2014、P.72より引用）

タバコの煙の健康影響を受けやすい人は、幼児や高齢者、それに　呼吸器系疾患や循環器系疾患のある人たちです。米国の疫学調査によれば、PM2.5の数値が$1m^3$当たり10μg増えると、肺がんの死亡率は14%、心臓や肺の病気の死亡率は9%、全死亡率は6%上昇すると報告されています。とくに、米国環境保護庁（EPA）は屋外の大気汚染の質を6段階に分類して注意喚起を促しています。

〈米国環境保護庁（EPA）の大気汚染の質・6段階分類〉

・良好	0～15 $\mu g/m^3$
・許容範囲	16～40 $\mu g/m^3$
・弱者に危険	41～65 $\mu g/m^3$
・危険	66～150 $\mu g/m^3$
・大いに危険	151～251 $\mu g/m^3$
・緊急事態	251～ $\mu g/m^3$

また、日本禁煙学会もホームページ（HP）上で「日本のさまざまな飲食サービス業店内（車内）のPM2.5の濃度」の調査結果を発表しています。

全面禁煙のコーヒー店	8 $\mu g/m^3$
非喫煙家庭	17.8 $\mu g/m^3$
喫煙家庭	46.5 $\mu g/m^3$
自由喫煙のパチンコ店	148 $\mu g/m^3$
不完全分煙禁煙席	336 $\mu g/m^3$
不完全分煙酒屋喫煙席	496 $\mu g/m^3$
自由喫煙居酒屋	568 $\mu g/m^3$
タクシー喫煙一人	1000～ $\mu g/m^3$

喫煙家庭は環境基準「1年平均で15 $\mu g/m^3$ 以下かつ1日平均値35 $\mu g/m^3$ 以下」の基準値を超えており、とくに居酒屋やタクシー内の喫煙は基準値をはるかに超えています。米国の基準に照らし合わせると、「大いに危険」のレベルを超え、「緊急事態」のレベルにあります。

6

COPD（慢性閉塞性肺疾患）は喫煙が原因の「タバコ病」

COPDは、慢性気管支炎肺気腫と呼ばれる疾患で、タバコの喫煙が原因であることから別名「タバコ病」とも言われています。タバコの煙を長期間にわたって吸い込むと、タバコの煙に含まれる100分の1ミリにも満たない微粒子が肺の中に入り、気管支が刺激されてさまざまな炎症が起こります。その炎症によって空気の通り道である気道が収縮し、微粒子は気管支の先にある肺胞に影響を及ぼします。

肺胞の中では肺胞壁と呼ばれる場所で酸素を取り込み、二酸化炭素（CO_2）を排出するガス交換が行われていますが、微粒子によって肺胞壁の機能が破壊され、ガス交換ができなくなります。肺胞壁の破壊が進むと、肺が異常に拡大する「肺気腫」が起きたり、気管支の枝分かれする細気管支と呼ばれる抹消気道の病変として気道が狭くなります。そのため、強い息切れ、呼吸困難、咳、痰などの症状が起こります。これらの症状が悪化すると、死亡するリスクもあります。

禁煙すれば肺機能は元に戻るのではないかと思われがちですが、それほど簡単なことではありません。COPDは特殊なリンパ球が関わっていて、これが増加して炎症反応を増強する物質が作り出されて肺や気道が損傷するので、禁煙しても症状は進行していきます。肺機能が元に戻ることはありません。それに対して気管支喘息はアレルギー症状が原因なので、アレルギー反応を元に戻せば治ります。

COPDの症状の悪化を防ぐには、次のような対策が上げられています。

①早期診断・早期治療：喫煙したり、受動喫煙の心配のある人は早く診断を受け、適切な治療を受けます

②呼吸トレーニング：適切な呼吸トレーニングを行うことで、呼吸機能を強化します
③薬物療法：気管支拡張剤などで気管支を広げて、空気を通りやすくします
④運動療法：適度の運動を行い、抵抗力を付け、日常生活の改善を図ります
⑤栄養療法：食べることによって栄養を摂取し、病気への抵抗力を付けます
⑥全面的な禁煙：喫煙を全面的にやめます

タバコの煙には有害な微粒子が多く含まれています。日本では国内の受動喫煙が最大のPM2.5問題であるという意見さえあります。とくにCOPDの患者は日本だけでなく、中国でも急増しています。中国でCOPD患者が4,000万人以上いるとの報告もあります。PM2.5の影響で症状が悪化し、重度のCOPDが引き起こされています。

第4章

PM2.5はなぜ遠くまで飛来するか

ー越境飛来メカニズムと観測ネットワーク

1

中国は世界一の石炭消費国、石炭燃焼で排出される汚染物質

中国はエネルギーの大半を石炭に依存した典型的な石炭依存の経済構造です。世界の石炭消費量の約半分、国内の全エネルギー消費量の70％近くを石炭が占める世界一の石炭消費国です。

中国政府は「成長優先」の経済政策を取っています。中国共産党による一党支配の政治体制は経済成長によって支えられており、「成経済長がすべての問題を解決する」との考え方に貫かれています。国民に経済的な豊かさを提供しておけば、国民は政府を支持し、さまざまな政治的、社会的な問題も先鋭化しないと考えています。そのため、エネルギーを安価な石炭に依存した経済成長・経済構造からなかなか脱却できないのが現状です。その代償として国民の健康が犠牲になっているのが実情です。

中国で発生するPM2.5などによる大気汚染は、基本的に工場、発電所、鉄工所、自動車、トラック、各家庭において中国国内で取れる安価で品質の悪い石炭を十分な環境設備を持たないまま燃やしていることに主な原因があります。日本ではそうした汚染物質を、ほぼすべて除去したクリーンなものしか出しませんが、中国ではそのまま大気中に排出するようです（**図4-1**）。

石炭を燃やすと二酸化炭素（CO_2）に加え、硫黄酸化物（SO_X）、窒素酸化物（NO_X）などさまざまな汚染物質が排出され、煤塵などの微粒子も大量に排出されます。しかも、中国で燃料として使われている石炭は硫黄分の多い低品質のものが多いため、燃焼によってSO_2やNO_Xが大量に大気中に排出され、酸化反応して硫酸や硝酸となります。

中国で発生するPM2.5などによる大気汚染の主な発生源を上げる

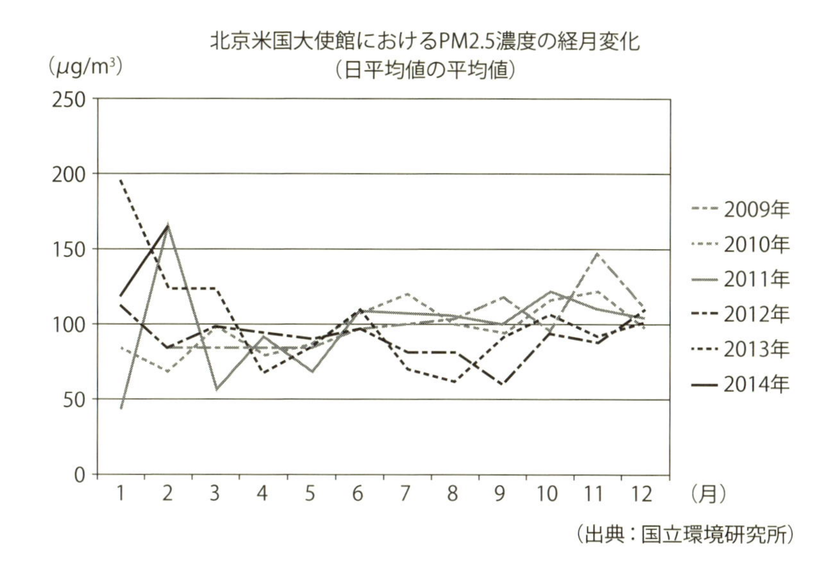

図4-1　北京でのPM2.5濃度の推移

と、次の3つに分けられます。

⑴工場・発電所・製鉄所の燃料として

工場、火力発電所、製鉄所などでは、コストの安い大量の石炭を主燃料として使用していますが、脱硫装置や脱硝装置など十分な環境設備を設置しているところは少なく、石炭燃焼によって発生する大気汚染物質はそのまま大気中に放出されています。

⑵自動車・トラックの燃料として

モータリゼーションの普及によって中国国内の自動車の普及台数は急増しています。2002（平成14）年325万台であった自動車の普及台数は2014年には2,500万台に上り、12年間で8倍近い増加です。自動車燃料として使われるガソリンの品質基準は石油会社が儲けやすくするため緩

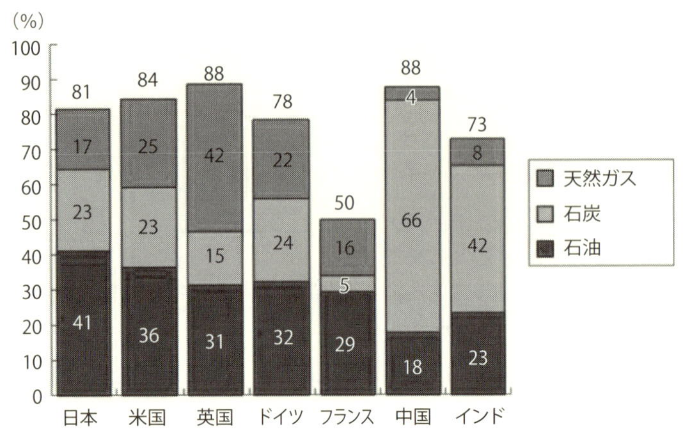

(エネルギー白書2013)

図4-2　世界各国におけるエネルギー依存度

くなっています。そのため、北京では一応ユーロ5のガソリンが使われていますが、他の大都市では品質の悪いガソリンを入れた自動車が多く、大量の排気ガスが排出されています。また、物流を担うトラックのディーゼルエンジンからも排気ガス・排気微粒子（DEP）が大気中に大量に放出されます。

(3)家庭の燃料として

中国では暖房や煮炊きなどの家庭燃料として品質の悪い石炭を加工して作った練炭が多く使われています。それも、家庭ごとに燃料を使うのではなく、各地域に設置された公共のボイラー室や小型焼却炉があり、そこで練炭を燃やし、その熱はパイプを通して各家庭の家の中に引き込み、暖を取っています。いわゆるセントラルヒーティングのような仕組みです。硫黄分を多く含んだ練炭を燃焼することにより、PM2.5など汚染物質が大気中に大量に排出されます。

中国におけるPM2.5などによる大気汚染の主な発生源は石炭燃焼です。石炭の使用量を抜本的に抑えるには、政府が国民の健康を守るため本気になってエネルギー・燃料転換を積極的に進めるしかありません（**図4-2**）。最近になり、さすがに中国政府も石炭に依存した成長政策や経済構造を見直し、エネルギー・燃料転換に本格的に取り組み始めましたが、その取り組みは先進国に比べてまだ十分ではありません。

2

中国大陸で発生したPM2.5はどのように日本に飛来するか

中国大陸で発生したPM2.5などの大気汚染物質は偏西風に乗って運ばれ、日本に飛来します。偏西風は、北緯または南緯30度付近にかけて地球の中緯度の上空を西から東に1年中吹いている風のことです。とくに対流界面付近で風速は最大になり、冬場では対流界面付近で毎秒100m以上に達し、ジェット気流と呼ばれています。

夏場は太平洋から南の季節風が吹くのであまりPM2.5など粒子状物質はたくさん飛来しませんが、冬から春にかけては多く飛来します。気象条件の影響では、大気擾乱と言われる移動性の低気圧や高気圧が動いている時は高濃度のPM2.5がたくさん飛来します。むしろ気象条件が安定している時は、PM2.5はあまり来ません。

日本に毎年2月から5月頃にかけて多く発生する黄砂も偏西風に乗って日本に飛来する微粒子です。黄砂のうち粒径の大きなものはほとんど中国国内に落下しますが、粒径の小さなものは長距離輸送されて日本に飛来します。中国大陸で発生したPM2.5など大気汚染物質は黄砂の飛来とも深い関係があります。

日本に飛来するPM2.5など大気汚染物質の大部分は華北平原からのものです。黄砂もまた中国大陸奥地のタクラマカン砂漠、ゴビ砂漠、黄土高原で発生した大量の砂塵（0.5～5μmの微粒子）が上空高くに舞い上がり、偏西風に乗ってはるか日本まで運ばれてきます。

日本に運ばれる長距離輸送中で大気汚染の深刻な北京などの大都市や工業地帯の上空を通過します。この時に、大都市の自動車やトラック、各家庭、また工場、発電所、製鉄所などから大量に排出されるさまざまな有害物質（SO_X、NO_X、発がん性のあるPAHs、有毒な金属など）が

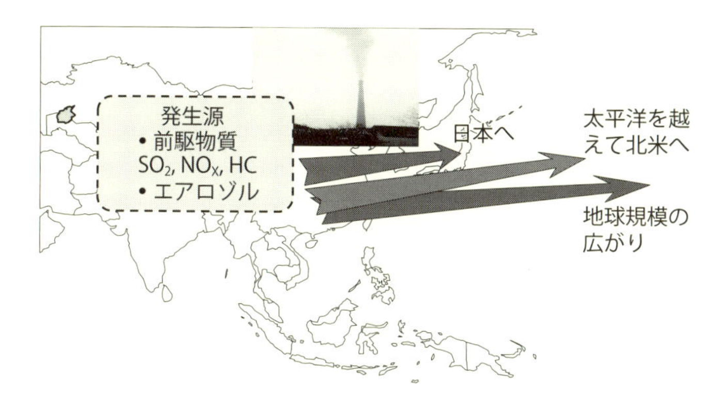

図4-3　中国の経済発展と大気汚染物質の広がり

黄砂に吸着し、それらが付着したままの状態で偏西風に乗って日本に飛来してくるのです（**図4-3**）。黄砂が飛来する範囲は、九州地方をはじめ、中国、四国、近畿にかけて西日本のみならず、中部地方から関東甲信越まで非常に広い範囲にわたっています。

問題は、黄砂や大気汚染物質など微粒子は長距離輸送中に、大気中で反応して物理的変質や化学的変質を起こすことです。物理的変質とは、大気汚染物質の粒子の形状、粒径、吸湿性、光学特性などの変化を言います。また化学的変質とはガス状物質や粒子の合体や化学反応による変化を言います。たとえば、大都市や工業地帯から排出された二酸化硫黄は反応が比較的遅いため亜硫酸ガスとして長距離輸送され、その途中でだんだんと酸化反応して硫酸に変化します。

中国で発生したPM2.5など大気汚染物質が、長距離輸送の過程でどのような変化を起こすのか、その科学的解明はかなり進んでいますが、それでもまだ完全に解明されたわけではありません。とくに、大気汚染のひどい大都市や工業地帯の上空を通過する時は、大都市や工場から排出されるさまざまな有害物質と反応して複合的な変化が起こります。どういう複合変化が起こるのか、観測調査と科学的解明が必要になります。

3

黄砂やPM2.5が飛来しやすい季節や時期、気象条件

PM2.5の飛来状況は、季節要因、地理的条件、気象条件などによっていろいろ異なります。国内でPM2.5など粒子状物質が飛来しやすい季節や時期は、冬から春にかけて1月～5月頃です。この時期は気圧配置が西高東低であり、季節風に乗って中国大陸から日本に向かって風が吹くため、中国大陸で発生した黄砂やPM2.5などの汚染物質が日本に飛来しやすくなります。とくに、移動性高気圧の中心が上海沖の東シナ海にあるときにこうした傾向が強まります。反対に、夏から秋にかけては気圧配置が南高北低であり、太平洋から中国大陸への南東の季節風が吹くので、中国で発生した黄砂やPM2.5など粒子状物質はあまり日本に飛来してきません。

PM2.5の濃度は、冬から春にかけての3月から5月に上昇し、反対に夏から秋にかけて濃度は比較的安定して低下します。このことは例年2月～4月にかけて大量に日本に飛来する黄砂の時期とほぼ重なります。中国大陸で発生したPM2.5など微小粒子状物質の濃度が高まるのは、安定した気圧配置の時よりもむしろ気象条件が変化しやすく、とくに低気圧や移動性高気圧が東シナ海上空や日本の南岸上空を通過する時に起こりやすいのです。具体的には、2月から3月の春先、10月から11月の秋ごろです。

国内で越境飛来する黄砂やPM2.5の影響を受けやすい地域は、中国大陸に近い、長崎県、佐賀県、福岡県、熊本県、沖縄県などの九州地域、愛媛県、高知県、徳島県、香川県などの四国地方などです。その他、広島県、大阪府、愛知県など西日本、場合によっては首都圏なども影響を受けます。

現在、中国からの越境飛来も含めて、PM2.5など大気汚染物質の広域にわたる汚染状況を監視する全国的なシステムとして、環境省の大気汚染物質広域監視システム（AEROS）「そらまめ君」（略称）があります。そらまめ君は詳しい速報値データを公表していますので、居住地域の大気汚染物質による汚染状況がどういう状態かを知ることができます。

4

長距離輸送中に酸化反応して、PM2.5の酸性度は高まる

中国大陸で発生したPM2.5など微小粒子状物質に含まれる大気汚染物質は、中国国内では膨大な量のアンモニアと反応してほとんど中和されます。しかし、長距離輸送中に黄海、東シナ海、日本海など海上上空ではアンモニアは発生しませんのでアンモニアの量が少なくなり、SO_2などの酸化が進んで酸性物質の方が量的に多くなるのでどんどん酸性度は高まり、日本に飛来するころには酸性物質を多く含んだPM2.5となります。中国上空から海上上空へと長距離輸送中に、大気汚染物質がどのように変質するか、なぜ酸性度が高まるかは、既に畠山史郎東京農工大学教授ら日本人研究者と中国人研究者が協力して行った20年間の航空機観測で明らかになりました。

これら航空機観測で得られた研究成果は、当初の予想に反して意外なものでした。当初、多くの研究者は中国上空で観測した大気汚染物質の酸性度はかなり高いのではないかと考えました。しかし、意外にも中国国内では大量発生するアンモニアと中和して酸性化はそれほど進んでいなかったのです。むしろ海上上空に輸送される過程で酸化反応が進み、酸性度が高まることが分かったのです（**図4-4、4-5**）。

それでは、中国国内でなぜ膨大な量のアンモニアが発生するのでしょうか。その理由は大量の化学肥料の使用にあります。中国政府にとって、巨大な人口増加を賄う食糧増産をいかに確保するかが最大の課題です。人口増加と食糧増産の圧力は政権の命運を左右するほど極めて大きな影響があります。巨大な人口の食糧を賄う食糧増産の圧力に対応するには、旧式の遅れた農業生産をやっていたのでは追いつかず、化学肥料を大量に使って農業生産の飛躍的向上が求められます。1980年代に入っ

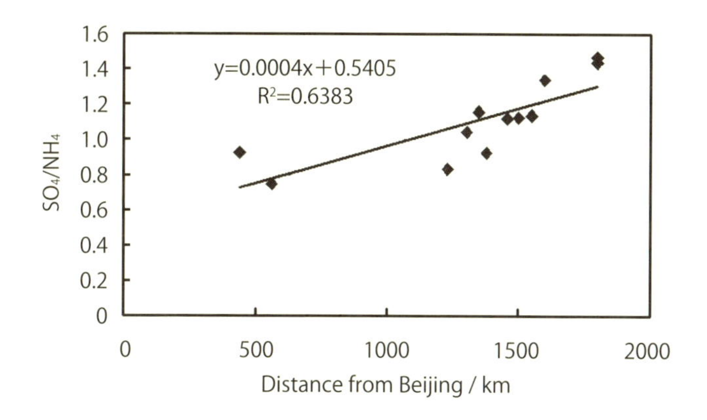

図4-4　北京からの距離に対してプロットした、エアロゾル（粒子状物質）中の硫酸イオンとアンモニウムイオンの濃度の比

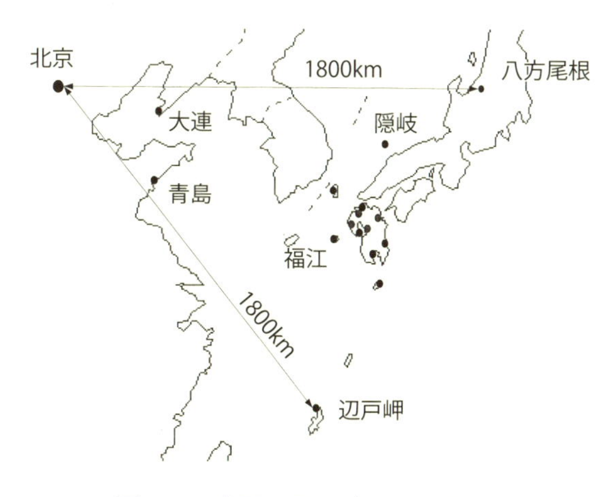

図4-5　上記の図のデータの測定点

て、中国政府は国家政策として人口増加→食糧増産→農業生産力の飛躍的向上→化学肥料の導入と農業技術の近代化を推進します。そうした背景もあって、中国の農業地帯で大量使用される化学肥料から膨大な量のアンモニアが発生し、それらが大気汚染物質に含まれる酸性物質を中和する働きをしているのです。また家畜の屎尿もアンモニアの大きな発生源となっています。

そのため、中国国内の酸性度は意外と高くなく、海上上空に移動してから酸性度は高まります。たとえば、中国で発生する大気汚染物質に多く含まれる二酸化硫黄（SO_2）は化学反応が比較的に遅いので中国国内ではその一部が酸化されて硫酸が生成し、それがアンモニアと中和して硫酸アンモニアの濃度が高まります。しかし、中国大陸から海上上空へ移動し、中国大陸から遠ざかるに従って酸化反応が進んでアンモニウムイオンに対する硫酸イオンの割合が大きくなり、酸性度が高まります。

5

地上観測、航空機観測、衛星観測による観測態勢

大陸で発生したPM2.5などの粒子状物質が、どのように長距離輸送されて日本に飛来するのか。また、長距離輸送中にどのように変化するのかなどを観測するには、①地上定点観測、②航空機観測、③人工衛星観測などの観測方法があります。

(1)地上定点観測

地上観測は、地上の定点に観測装置を設置してPM2.5など微小粒子状物質の動きや活動状況、濃度の変化、分布状況などを時系列的に観測するものです。日本ではPM2.5の越境飛来について、大学や研究機関によって地上の定点観測が積極的に行われています。畠山教授の研究チームや海洋開発研究機構の研究班は、長崎県福江島に大気環境観測装置を設置してPM2.5など微小粒子状物質の濃度の変化や分布状況、動きや活動状況を継続的に通年観測しています。

それらの観測データにより、PM2.5などの微小粒子状物質が大陸から九州方面に向けて、大陸からの移動性高気圧が近づいたころに濃度が上昇し、高濃度が継続することが分かりました。福江島はもともと人為起源の汚染が少なく、またPM2.5の濃度が高い時は黄砂の測定日とも合致しない場合が多く、さらに黒色炭素粒子の濃度が記録されていることから、大陸から福江島や九州に運ばれてきていることが示されています。

(2)航空機観測

航空機に計測装置を搭載して、地上や海上の高度上空でのPM2.5など粒子状物質の濃度、動きや移動状況、分布状況、輸送や変質などを観測

写真4-1　2002年3月の中国渤海湾付近での航空機観測に用いられたYun-5型飛行機

します。畠山教授を中心とした研究チームは、1990（平成2）年から20年間継続して日本と中国大陸との間の「海上上空」（東シナ海、黄海、日本海）の航空機観測を行うとともに、また2002年には中国の研究者と協力して世界で初めて「中国本土上空」での航空機観測を行うなど、PM2.5など微小粒子状物質の分布、輸送、変質に関する航空機観測を長年行っています（**写真4-1、4-2**）。

(3)人工衛星観測

温室効果ガス観測技術衛星「いぶき1号」が2009年に打ち上げられてから、人工衛星観測によって、PM2.5など粒子状物質の地球規模の長期的な変化を観測できるようになりました。国境を越えて広がる微小粒子状物質の分布状況、刻々と変わる動きや活動状況、輸送や変質状況などを知ることができます。2017年には後継機の「いぶき2号」も打ち上げられる予定です。後継機には、大気中のさまざまな物質（微粒子）が混在している中でPM2.5を分離して観測できるセンサーも搭載されま

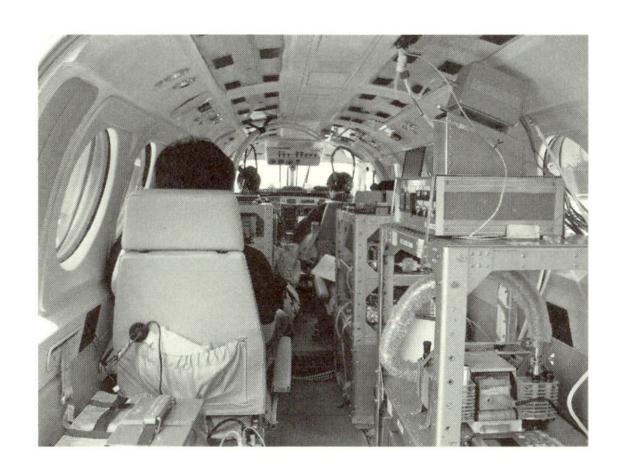

写真4-2　越境大気汚染観測のための観測機内の様子

す。それにより、大気中の微粒子の中にPM2.5がどれだけ含まれているかを観測データによって正確に割り出すことができます。現在のいぶき1号機はそれができなかったですが、後継機は可能になります。

地上観測、航空機観測、衛星観測はそれぞれ長所と短所があります。

・地上観測：24時間いつでも観測できますが、高度分布の観測はできない。上空の観測データが取れない。

・航空機観測：上空の観測データは取れます。高度観測はできますが、いつでもできるわけではありません。お金が掛かります。

・衛星観測：分布状況など広範囲の観測データは取れますが、衛星で高高度・高度から観測しているので、高さや方向のデータが取れません。

実際の観測では、これらの観測方法の特色や利点をうまく組み合わせて観測精度の向上を図ります。

6

ライダーを用いた国際的なモニタリングネットワークの構築

PM2.5など微小粒子状物質の濃度、分布、輸送、変質などを観測するには、現在ライダーと呼ばれるパルス状のレーザー光を用いる遠隔計測技術（リモートセンシンシグ技術）によって詳細な観測データを得ることができます。ライダーは当初レーザーレーダーとも呼ばれていたように技術的にはレーダーに類似しているところがあります。

ただ、レーダーとライダーには基本的に大きな違いがあります。レーダーは電波を発射し、電波が物体に衝突して戻ってくるところを測定します。それに対して、ライダーは電波の代わりにパルス状のレーザー光を発射し、遠くにあるPM2.5など微小粒子状物質に衝突して反射したり、散乱して戻ってくるところ（時間応答など）を測定し、粒子状物質までの距離、粒子状物質の分布状況、形や大きさなど性状を観測します。

レーザー光はその波長が非常に短いため（10μmから紫外光では250nmに及ぶ）、小さな物体も極めてよく反射します。そのため小さな物体を検出する感度が高く、ライダーは大気によって運ばれるPM2.5などの微小粒子状物質の発生、分布、輸送、変質のメカニズムなどを観測するのに適しています。

現在、世界各地の観測拠点にライダーを設置して地上ライダーの国際連携により、各拠点で得られた観測データをお互いに共有・解析することで、PM2.5など微小粒子状物質の濃度や分布状況、動きや活動状況などを地球規模で観測する国際観測ネットワーク（モニタリングネットワーク）の構築が進んでいます。具体的には、日本、中国、韓国、タイ、モンゴルなどアジア諸国の観測拠点にライダーを設置して、越境飛来する黄砂やPM2.5など微小粒子状物質の刻々変化する濃度や分布、動きや活動状況を切れ目なく連続観測できる態勢を構築します。

欧米に比べて東アジアでは、越境汚染を監視する国際的な観測ネットワークづくりに向けた協力態勢がなかなか難しかったのですが、ライダーを用いたモニタリングネットワークの構築を突破口にアジア諸国の協力で国際観測ネットワーク構築の取り組みが進みます。

7

数値モデルを使ってシミュレーション予測できること、できないこと

現在は、コンピューター技術の進展により、中国大陸で発生したPM2.5など微小粒子状物質が風に乗ってどのように越境飛来してくるか、長距離輸送の動きや移動状況、濃度の変化などを、数値モデルを使ってシミュレーション予測することができます。シミュレーション予測モデルとしては、国立環境研究所の大気汚染予測システム（VENUS）や九州大学のSPRINTARSなどがよく知られています（**図4-6**）。

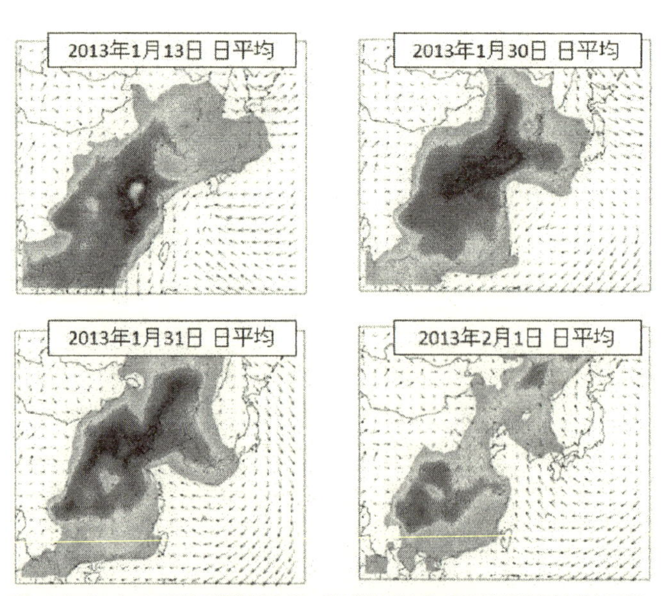

図4-6　国立環境研究所の大気シミュレーションモデル

粒子状物質は時間を追って大陸上空から日本海上空を経てどのように移動するか。いつごろ日本に飛来するのか。今後越境汚染の影響は大きくなりそうか。また、時間の経過に従って濃度はどのように変化するか。濃度はこれから上昇するのか、それとも低下するのか。高濃度はどのくらい継続しそうか。さらに、PM2.5に含まれる硫酸塩や硝酸塩、揮発性有機化合物（VOC）などの化学物質は長距離輸送中にどのような変化を起こすかなどを予測します。ただ、コンピューターによるシミュレーション予測といっても何でも予測できるわけではなく、現在の数値モデルで確認できることとできないことがあります。

〈現在のモデルで予測できること〉

・中国大陸からのPM2.5など微小粒子状物質はどのように移動するか
・日本にはいつごろ飛来するか
・大気汚染の影響は強くなりそうか
・PM2.5の濃度は上昇するか、低下するか
・高濃度は今後継続するかどうか
・PM2.5の大まかな分布状況と移動状況はどう変化するか
・硫酸塩や硝酸塩など主要成分がどの程度含まれているか

〈現在のモデルでは予測が難しいこと〉

・PM2.5の濃度は具体的に何 $\mu g/m^3$ まで上昇するか
・PM2.5の濃度は、どの地域でどの程度上昇するか
・PM2.5濃度は何時に上昇するか
・高濃度はいつまで継続するか
・PM2.5に含まれる硫酸塩、硝酸塩、揮発性有機化合物（VOC）などの複合的な化学変化
・極めて濃度の低いものの予測

PM2.5など粒子状物質は、刻々と変わる気象条件の変化によって長距離輸送中にさまざまな変化や複雑な反応を起こしますので、現在の数値モデルでは未解明の部分がたくさんあります。シミュレーション分析による予測精度をさらに上げることで、これら未解明の部分も明らかになっていきます。

2014（平成26）年10月7日、鹿児島県種子島宇宙センターから大型の気象観測衛星ひまわり8号が打ち上げられました。2015年7月から正式に運用されています。それまでのひまわり7号が30分に1回の観測、

すなわち30分単位の観測データしかできなかったのに対して、ひまわり8号は2分単位の観測データが可能になりました。2分単位で観測データが取れれば、観測データの分解能が大きく向上し、より高精度の観測ができます。PM2.5など微小粒子状物質の動きや変化、分布状況や移動状況なども、従来に比べて観測精度は向上します。

まだ、刻々と変わる粒子状物質の濃度や変化、動きや分布状況をリアルタイムで観測することはできませんが、科学技術の進歩により、観測技術や予測精度は確実にレベルアップしています。

実際、ひまわり8号の打ち上げにより白黒画像からカラー画像へ、静止画像から動画像へと性能が大きく向上し、台風の渦の動き、火山の噴火による火山灰の広がり、PM2.5や黄砂など微小粒子状物質の動きや分布状況などをはっきり捉え、観測精度の向上に大きく貢献しています。

第5章

PM2.5濃度はどのように測りますか

ー測定方法について

1

PM2.5濃度の測定単位は、重量濃度(μg/m³)で表示

PM2.5の重量濃度は、1m³の大気中に100万分の1gの粒子の重さで表します。1μg/m³であれば、1m³の大気中に100万分の1gの粒子が含まれます。それに対して、SPMやPMの濃度は、1m³の大気中に1000分の1gの粒子の重さで表します。1mg/m³であれば、1m³に1000分の1gの粒子が含まれます。

なぜ、重量濃度が測定の表示単位として採用されたかと言えば、比較的測定しやすく、しかも分かりやすい基準だからです。測定するのにお金が掛かったり、表示単位が複雑で分かりにくいと、世の中に広く普及しません。

PM2.5の濃度の環境基準は、1年平均値が15μg/m³以下、1日平均値が35μg/m³以下です。注意喚起のための暫定指針値は、1日平均70μg/m³となっています。現在PM2.5の濃度がいくらになっているか、環境基準値や注意喚起の暫定指針値より上か、下かを知りたい場合は、環境省の大気汚染物質広域監視システム「そらまめ君」や国立環境研究所の大気汚染予測システム「VENUS」、さらに地方自治体のウェブサイトで確かめることができます（**図5-1**）。幼児、小児、高齢者のいる家庭では、そらまめ君や自治体のウェブサイトでPM2.5の濃度をウォッチすることが推奨されます。

そらまめ君はPM2.5の濃度をカラー別にランク表示しているので、分かりやすいと言えます。たとえば、青色（〜10μg/m³）空色（11〜15μg/m³）草色（16〜35μg/m³）黄色（36〜50μg/m³）橙色（51〜70μg/m³）赤橙色（71μg/m³以上）と一目で分かるようになっています。また、地域別に速報値の生データが公表されていますので、自分たち住

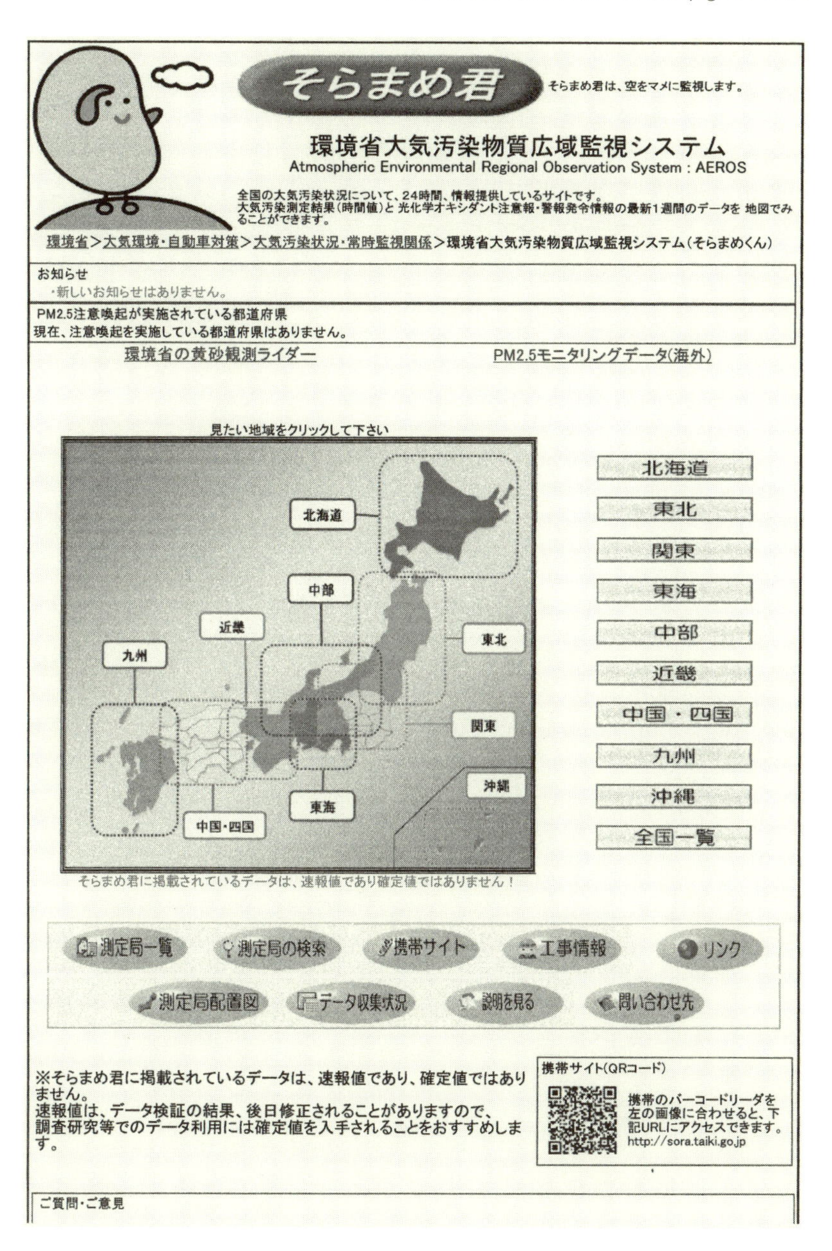

図5-1　環境省大気汚染物質広域監視システム（そらまめ君）ホームページ

んでいる地域の大気汚染状況はいまどういう状態かがよく分かります。

PM2.5濃度の環境基準は、人の健康を維持し、生活環境を保全するために望ましい基準としてどの程度に保つことが適当か、施策を行うための目標値を示した努力目標です。これらの数値を少しでもオーバーしたら、すぐに危険だというわけでありません。ただ、汚染濃度が高い状態で継続すれば間違いなく健康に大きな影響を与えますので、幼児や小児、高齢者や既往者のいる家庭では、日ごろから大気汚染濃度の測定値にこまめに注意を払う必要があります。

現在、一般居住地域における大気環境中のPM2.5濃度を測定する排出基準や測定方法は確立されています。しかし、化学工場、火力発電所、製鉄所など高濃度の汚染物質を大量に発生させる特定の固定発生源の排気ガスや排気物質（微粒子）の濃度を測定する基準や方法はまだ確立されていません。この点は人の健康や生活環境への影響を考えると、特定の固定発生源から出る大気汚染物質の高濃度の排出基準や測定法も決める必要があります。今後の大きな検討課題になります。

2

大気中のPM2.5濃度を正確に測るのは意外に難しい

大気中のPM2.5の濃度を測るのは一見簡単なように見えますが、しかし実際に大気中のPM2.5濃度を正確に測るのは意外と難しく、やっかいです。それは、次のような理由からです。

①温度や湿気、水分の影響を受けやすい。

②半揮発性物質の影響を受けやすい。

③試料採取中に生じるフィルターやフィルター上に捕集された粒子にガス状物質が吸着しやすい。

④フィルターに捕集された粒子状成分のうち半揮発性物質が揮散（揮発性物質が蒸発して広がっていくこと）するから。

日本の気象条件は欧米諸国に比べて湿度が高いです。とくに梅雨の季節や夏季などの多湿条件の下では、PM2.5濃度の測定に湿度変化の影響を顕著に受けるので、湿度影響をいかに低減するかが大きな課題になります。

たとえば、標準測定法として採用されていますフィルター法（フィルターサンプリング法）で用いられるフィルターの材質を湿度影響の少ない安定した吸湿性の低い材質を使用するとか、恒量（重量を計る場合、前後の影響で変化しなくなった安定した状態の重量）時の湿度条件を細かく設計するとか、さまざまな工夫が必要になります。

一般にフィルターに用いられる材料は、ガラス繊維フィルターとPTFE（ポリテトラフルオロエチレン）フィルターが使われます。ガラス繊維フィルターでは物理的強度は強いのですが、吸湿性が高いという欠点があります。それに対してPTFEフィルターは撥水・撥油性、耐熱性、耐候性、非・難粘着性に優れているので、PTFEフィルターを使う

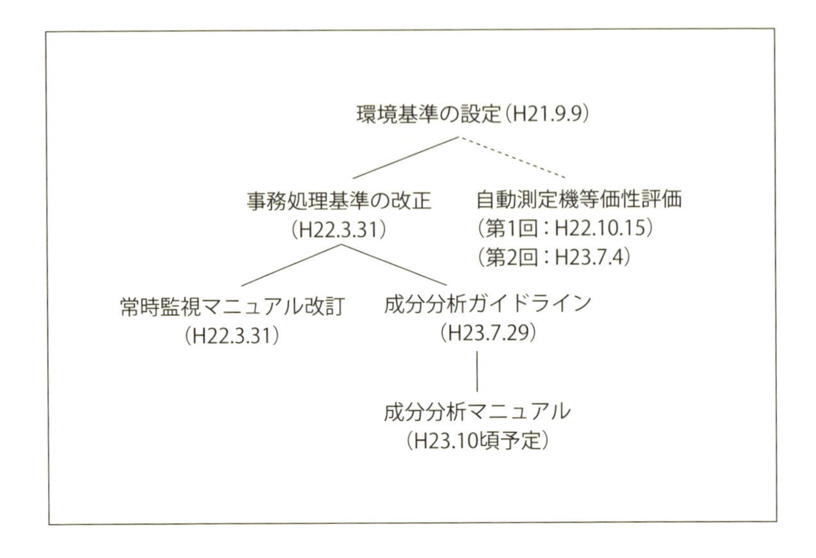

- **質量濃度測定法**：PM2.5の大気環境基準策定と同時に、その標準測定法（濾過捕集による質量測定法）が定められた。また、比較的労力のかかる濾過捕集法に代わり、日常的な監視等に必要となる濃度の時間変動等を迅速に把握するため、これと等価の性能を持つ自動測定機を導入すべきことから、環境省は、平成22年10月から翌年7月にかけて、複数の自動測定機種の等価性を確認した。
- **成分分析法**：PM2.5の成分分析は、効果的なPM2.5対策の検討のため、PM2.5及びその前駆物質の大気中挙動等の科学的知見の集積並びにPM2.5の発生源寄与割合の推計に資する。このことから、環境省は、平成23年7月にPM2.5成分分析ガイドラインを策定した。また、同11月、成分分析マニュアルを策定見込み。
- **常時監視体制の構築**：環境省は、「事務処理基準」等において、PM2.5質量濃度測定・PM2.5成分分析ともに、**平成25年度末を目途に常時監視体制の整備を図ることとしている。**

（環境省Webサイトより引用）

図5-2　大気汚染防止法に基づくPM2.5常時監視に関する枠組

ことが多くなっています。

PM2.5など微小粒子状物質には、様々な揮発性・半揮発性物質が含まれます。揮発性物質（VOC）は、常温で大気中に容易に蒸発して広まっていく有機化合物を言います。具体的にはトルエン、ベンゼン、フロン類、ジクロロメタンなどで、塗料、印刷インキ、接着剤、ガソリン、シンナーなどに含まれます。半揮発性物質（SVOC）は、やや揮発しにくく、揮発性の低い有機化合物を言います。フェノールやフタル酸エステルなどがあります。これらの揮発性・半揮発性物質はいったん捕集しても揮散しやすいので、当然測定誤差が生じます。

大気中に浮遊しているPM2.5など粒子状物質を「そのままの状態」で測定できることが一番の理想です（**図5-2**）。実際には温度や湿度、水分や気象条件などの変化により様々な影響を受けやすく、大気中のPM2.5濃度を正確に測定するのは容易ではありません。測定時に除湿操作や温度・湿度環境のコントロールを行うと、今度はPM2.5など微小粒子状物質の物理的、化学的特性を変化させてしまうおそれもありますのでやっかいです。

現在PM2.5など微小粒子状物質の測定方法は、国際的に認められた標準測定法とそれに準じた自動測定法（等価測定法）があります。

3

PM2.5をどのように測るか ―標準測定法による規格化

PM2.5など微小粒子状物質の濃度を測る測定法には、国際的に多くの国々が採用している標準測定法があります。それはフィルター法（フィルターサンプリング法）と呼ばれるもので、米国のEPA（米国環境保護庁）が1997（平成9）年より運用している米国連邦標準測定法（FRM：Federal Reference Method）に準拠したフィルター捕集による質量測定法です。FRMの質量測定法の目的は、測定方法を規格化することにより、温度や湿度、水分や揮発性・半揮発性物質の影響による測定データの誤差や、さまざまな差異を極力取り除くことにあります。これまでにも順次改定がなされてきており、測定精度を保つため、細部のところまでこまかく規格化されています。

日本の標準測定法（JIS規格「大気中のPM2.5測定用エアサンプラー」）は、1997（平成2）年からPM2.5濃度測定方法の確立に向けた検討が始まり、2000（平成12）年暫定マニュルアが作成され、2007（平成19）年に改定されています。そして、2008（平成20）年に「大気中のPM2.5測定用サンプラのJIS規格」が定められました。日本の標準測定法は、基本的に米国のFRMの測定法を参考にしています。欧州でも、米国のFRMと同じような測定法が標準測定法として規格化されています。

FRMは、標準測定法としてフィルター法が満たすべき基本条件として、次のような詳細な項目を上げています。フィルター捕集を用いた測定法なら何でもいいというわけではありません。測定精度を確保するために、分析装置の材質、外気との温度差、フィルターの材質、フィルターの秤量条件、測定濃度範囲など、実に詳細な項目にわたってきちんと決められています。以下はそれらの項目内容です。

①分析装置の特性

分析装置の特徴は、50％カットオフ、径は2.5μmであること

②外気との温度差

フィルター保持部と外気との温度差は±5℃であること

③フィルターの材質

フィルターは発水性が高く、ガス吸着性や吸湿性が少なく、十分な強度を有する必要があるため、以下の材質や性能と同等のものとします

・材質：PTFE（ポリテトラフルオロエチレン）フィルター

・ポアサイズ：2μm

・フィルター厚み：30～50μm

・その他：サポートリング付きの場合、サポートリングの材質ができるだけ吸湿性の低い材質であること。吸引面積がフィルター全面積の70％以上を確保することなど

④吸引流量

エアサンプラーの吸引流量は採用された分析装置の設定流量とします

⑤恒量条件および天秤の感度

フィルターの恒量化（以下、「コンディショニング」と言います）および秤量における温度や相対湿度の条件については、温度21.5±1.5℃、秤量時の相対湿度は35±5％とし、コンディショニング時間は24時間以上とします

⑥測定濃度範囲

測定濃度範囲は、2～200μg/m^2が測定可能であることとします

4

標準測定法と等価測定法（自動測定法）

現在フィルター法は、「フィルター上に捕集したPM2.5など微小粒子状物質の重量を天秤で測定し、その重量を吸引する試料大気の流量で除することにより重量濃度を測定する」基本的な測定方法です。フィルターはPTFE製を使用し、試料捕集前後は一定の温度、相対湿度で恒量した後に秤量します。恒量条件は、温度20～30℃、相対湿度30～40%、秤量時の天秤の精度は±１μgと規定されています。また、試料大気量は捕集期間中の各気温、気圧における実際の吸引流量（実流量）および吸引時間から求めます。吸引流量は16.7L（リットル）/min（分）です。

フィルター法はフィルター上に捕集した微小粒子状物質の質量を手作業で直接測定し、重量濃度を算出していますので、どうしても①手間や労力がかかる、②得られる測定値データが1日平均値である、③測定結果を得るまでに最短で数日掛かるなどの難点があります。そのため、測定に掛かる時間と手間（労力）を省くため、現在では日常的な監視・測定には標準測定法であるフィルター法によって測定された重量濃度と等価な測定値が得られると認められる自動測定機を使った自動測定法（等価測定法）が併用して用いられています。

標準測定法と等価測定法（自動測定法）の、それぞれの項目を比較した表（比較表）を示します。

項　目	標準測定法	等価測定法
測定方法	フィルター法	自動測定機による連続測定法
測定原理	濾過捕集	β線吸収法、フィルター振動法 光散乱法
測定濃度	質量濃度・成分濃度	質量濃度
測定時間	24±1時間	1時間値の出力可能、平均化時間は24時間
条　件	秤量条件、フィルター 材質など規定	標準測定法との等価性評価が必要です

等価測定法で測定する場合は、標準測定法との平行測定試験を行って等価性が評価された自動測定機のみを使わなければなりません。自動測定法は1時間値を出すこともできますが、公定法（国際機関、国家、公的試験機関、研究所などにおいて正式に指定された測定方法）では平均化時間は24時間（1日平均値）しか採用されていません。標準測定法は、質量濃度だけでなく成分濃度も算出できますが、自動測定法は質量濃度のみです。

5

自動測定機を用いたβ線測定法、フィルター振動法、光散乱法

等価測定法は、標準測定法の等価法として用いる「自動測定機による測定法」です。そのため、等価測定法で測定する場合は標準測定法との平行試験によって等価性が認められた自動測定機を使用することが義務付けられています。自動測定法には、フィルター振動法、β線吸収法、光散乱法などがあります。

自動測定機は、米国メーカーを中心に諸外国でも積極的に開発・改良され、市販されていますが、いずれの自動測定機も一長一短です。1年間の平行試験の結果では、標準測定法と自動測定法では、それぞれの測定値にどうしても誤差や差異が発生します。とくに、高温多湿となる夏場には、標準測定法に比べて自動測定機による測定値の方が高くなる傾向があります。その理由として、湿度や水分の影響、半揮発性物質の揮散などの影響が上げられます。

自動測定機を使う場合は、並行して行われる標準測定法との機械的な誤差や差異をいかに取り除くかが大きな課題になります。現在のところ公定法として認められているのはフィルター法とβ線吸収法です。β線吸収法以外の自動測定法は現在のところ公定法として認められていません。

以下の説明は、①フィルター振動法、②β線吸収法、③光散乱法といった自動測定法のそれぞれの特色を簡潔にまとめたものです。

〈自動測定機を用いた等価測定法の種類〉

①フィルター振動法（TEOM：Tapered Element Oscillating Micro-balance）

円錐状の秤量素子を持っており、下部は固定されていて、先端部にはフィルターカートリッジが取り付けられています。この秤量素子には外部から振動が与えられ、フィルターカートリッジとともに固有の振動数で振動しています。試料大気はこの秤量素子部に吸引され、試料大気中に含まれるPM2.5など微小粒子状物質はフィルターカートリッジ上に捕集されます。これら微小粒子状物質の質量の増加に伴って秤量素子の振動周波数が減少します。この振動周波数の変化と、捕集した微小粒子状物質の質量には一定の相関関係があることから、振動周波数の変化を計測することで捕集質量を割り出し、PM2.5などの質量濃度を算出する測定法です。

②β線吸収法

低いエネルギーのβ線を粒子状物質に照射すると、その物質の単位面積当たりの質量に比例してβ線の吸収量が増加するという原理を用いた測定法です。1時間ごとに、ろ紙上に捕集したPM2.5など粒子状物質にβ線を照射し、透過するβ線の強度を測定することで、質量濃度を算出します。β線吸収法は、ある程度標準測定法と等価性があると考えられ、公定法として認められています。

③光散乱法

PM2.5など微小粒子状物質に一方から光を照射した時に生じる散乱光量を測定することにより、大気中のPM2.5など粒子状物質の質量濃度を間接的に測定する測定法です。PM2.5など微小粒子状物質による散乱光の強度は、微小粒子状物質の形状、大きさ、粒径分布、屈折率などの要因によって変化します。ただし、これらの条件が同じであれば、散乱光の強度は粒子状物質の質量との間に比例関係が成り立つことを応用したものです。

それでは、こうした自動測定機を用いた等価測定法で得られた測定値と標準測定法により得られた測定値の間に、どのような機械的な誤差や差異が生じるかを見てみます。

たとえば、標準測定法（フィルター法）では24時間連続捕集によって1日平均濃度（1日平均値）を求めます。それに対して、β線吸収法は1時間ごとのフィルター捕集による1時間値を24倍して1日平均値を求めます。

しかし、フィルター法により1日平均値として捕集した測定データと、β線吸収法による1時間値を24倍して算出した1日平均値の測定データでは、同じ1日平均値と言っても両方の測定データにはどうしても誤差や差異が生じます。完全に等価性が確保されるわけではありません。

フィルター法の1日平均値には半揮発性物質はほとんど揮散しているのに対して、β線吸収法の1時間値には半揮発性物質が揮散せず、まだ残っている可能性があるからです。実際、β線吸収法では夏場に計測すると、高めの測定値が出やすい傾向にあることが米国の研究機関により報告されています。

また、フィルター振動法では、単一のフィルター上に数週間も連続して粒子状物質を捕集するために、やはり標準測定法とは半揮発性物質の揮散量に誤差や差異が生じてきます。

さらに、光散乱法は質量濃度を直接測定する方法ではありません。光散乱法により求めた測定値と標準測定法により求めた測定値との比＝F値（変換係数）を用いて測定値を質量濃度に変換しますが、このF値が地域や季節により異なります。その結果、どうしても誤差や差異が発生し、それらをたびたび補正する必要があります。

これまで、各測定法の長所と短所を見てきました。それぞれ一長一短がありますが、フィルター法がなぜ標準測定法として信頼性が高いのかと言えば、フィルター法は試料大気をサンプリング（ろ過捕集）して直接重量濃度を測っているからです。それに対して、他の自動測定法はPM2.5の重量濃度を直接測っているわけではありません。さまざまな方法で間接的に重量濃度を割り出しているにすぎません。重量濃度を直接測っているという点において、フィルター法の方が他の自動測定法よりも信頼性が高いと言えます。

本当に正確な濃度変化を詳しく追跡調査したいと思ったら、フィルター法で1時間ごとに試料大気をフィルターサンプリングしてPM2.5の重量濃度をこまめに測定すればよいのですが、そういうことは研究レベルでは可能でも、一般の行政レベルでは大変な手間や労力、コストが掛かり、現実的にはとても不可能です。

ある意味で、PM2.5の重量濃度の測定方法はフィルター法や自動測定法も含めて開発途上にあり、今後より高精度の開発・改良が進んでいくと予想されます。

6

PM2.5の発生源を特定するには、詳細な成分分析が欠かせない

PM2.5など微小粒子状物質を抜本的に削減し、健康問題を解明するには、質量濃度の測定（計測）だけでは不十分であり、質量分析装置などを用いた詳細な成分分析が欠かせません。すなわち、①PM2.5など微小粒子状物質の質量濃度を測定した後に、②詳しい成分分析を行う必要があります。とくに、PM2.5など微小粒子状物質がいったいどこから発生してきたのか、それらがどういう影響を及ぼしているのかなど、発生源を特定し、その影響度（寄与率）を解明するには、それらの詳細な成分分析が不可欠になります。成分分析では、決められた分析方法に基づいて、①発生源の特定、②その影響度（寄与率）、③地域特性などを解明します。

分析方法については、2011（平成23）年7月に制定した環境省「微小粒子状物質（PM2.5）の成分分析ガイドライン」に基づいて、それぞれの成分ごとに応じた分析方法が決められています。

〈環境省「微小粒子状物質（PM2.5）の成分分析ガイドライン」〉

成分	分析方法
①イオン成分	：超音波抽出－イオンクロマトグラフ法
②無機元素成分	：誘導結合プラズマ質量分析法、蛍光X線法
③炭素成分	：サーマルオプティカル・リフレクタンス法
④PAH（多環芳香族炭化水素）	：溶媒抽出－高速液体クロマトグラフ法、ガスクロマトグラフ質量分析法
⑤金属成分	：マイクロウェーブ酸分解－誘導結合プラズマ質量分析法

PM2.5など微小粒子状物質の発生源は多種多岐にわたるため、それら

を特定することは非常に難しいのですが、粒子の物理的特性、化学的組成や特性などを詳しく分析することで、発生源は何か、どこから発生したのか、人の健康にどんな影響があるかなどを地道に解明し、科学的知見や経験を積み重ねていくしかありません。

第6章

PM2.5の拡散をどう防止するか

ー規制措置と国際協力

1

PM2.5など粒子状物質の拡散をいかに防止するか―発生源対策が大切

PM2.5など微小粒子状物質は、いったん大気中に放出され拡散するとそれを防止することはほとんど不可能です。そのため、大気汚染物質の拡散を防止するには、ひとえに発生源をいかに抑えるか、発生源対策が最も重要な対策になります。

PM2.5など微小粒子状物質の発生源は、固定発生源か移動発生源か、また国内発生源か国外発生源かに大きく分かれます。

(1)固定発生源か、移動発生源か

固定発生源とは、工場、発電所、製鉄所など固定した設備機器から大気汚染物質が排出されるケースを言います。それに対して移動発生源は自動車、航空機、船舶など移動する設備機器から大気汚染物質が排出されるケースを言います。

固定発生源対策としては、国は1968（昭和43）年に大気汚染防止法を設定して以降、工場・発電所・製鉄所などから排出される排気ガス・排気物質の規制に取り組み、その後も大気汚染防止法は何度も改正されて排出量の規制強化が図られています。また、企業側も集塵除去装置・脱硫装置・脱硝装置など排ガス技術・装置の開発と普及に取り組みました。大気汚染防止法に基づく工場や発電所など固定発生源から排出される大気汚染物質（煤煙・VOC・粉塵・有害物質など）の発生施設に対する規制措置により、大気汚染状況（濃度など）は改善傾向にあります。

移動発生源対策としては、1970～1990年代にかけて大気汚染防止法改正による自動車のNO_Xなど排ガス規制強化が図られ、2000年代に入ってから自動車のNO_X排ガスの総量規制強化、またそれまで排ガス規制の遅れていたディーゼル車（乗用車・トラック・バスなど）にも厳しい排ガス規制強化が図られています。さらに、首都圏など3大都市圏を対象にした自動車NO_X・PM法（1992年制定、2001年・2007年改正）の制定により、NO_Xの排出規制だけでなく、PM（粒子状物質）規制も導入され、自動車のNO_X・PMの排出量（とくにNO_X排出量）は大きく低減されました。

(2)国内発生源か、国外発生源か

PM2.5など微小粒子状物質が国内で発生したものか、それとも中国大陸など国外で発生したものかに大きく分かれます。国内の発生源対策は、法的な規制強化や技術開発などによって基本的な対応は可能ですが、中国大陸などから長距離飛来したものなど国外で発生した場合は、法的な規制対策や行政措置など有効な対応策が取れません。長距離越境大気汚染など国外発生源のものは、これまで大気汚染防止法など日本国内の法的規制の対象範囲外でした。

ただ、欧州では酸性雨問題が発生したことを契機にして1979（昭和54）年に「長距離越境大気汚染条約」が採択されました。国境を越えて広がる長距離大気汚染問題などで、大気汚染物質の排出削減・抑制防止、規制強化などを義務付ける法的強制力を持った国際的な仕組みづくりが取り組まれています。

東アジアにおいても、こうした長距離越境大気汚染をいかに防止するか、国際的な仕組みづくりや国際間の協力態勢をどう構築するかが、今後の大きな課題になります。

〈PM2.5など大気汚染物質の拡散防止と発生源対策〉

○国内での発生源対策の取り組みと課題

①常時監視態勢の整備と監視ネットワークの構築
（一般住民地域だけでなく、工場、発電所、製鉄所など固定発生源近傍での環境基準適用も含む）

②各種法的規制の強化と法的な仕組みづくりの整備

③大気汚染防止技術の開発・改良と防止装置の導入普及

○国外の発生源対策の取り組みと課題

①国際間の常時広域監視態勢の整備と国際的な監視ネットワークの構築
（とくに観測データの公表と法的規制の取り組みを含む）

②長距離越境汚染防止に向けた条約・協定・議定書など国際的な仕組みづくり

③対中国技術協力・支援、学術交流の協力態勢づくりと積極的な推進

とくに、国外の発生源対策として、②と③に関しては2015年4月に日本、韓国、中国の環境相会談が行われ、PM2.5など微小粒子状物質の共同観測、広域データの共有、監視態勢・ネットワークの構築、観測方法の統一、測定・分析技術の開発支援、経験・ノウハウの提供など幅広い分野での国際的な協力態勢づくりが進んでいます。東アジアにおける長距離越境汚染防止に向けた国際的な取り組みでは、中国国内での対策が決定的なカギを握ります。日本は法的な環境規制や先進的な環境技術の取り組み、国や地方自治体による長年の経験・ノウハウの提供などを通じて積極的に協力・支援していくことが可能です。

2

PMやPM2.5の拡散防止に向けた規制措置－国内の発生源対策①

2015年（平成27年）2月、環境省はPM2.5など微小粒子状物質の国内排出量を抑える新たな対策に乗り出すことを発表しました。工場や発電所から出る煤煙や自動車が排出するNO_Xなどの排出規制を取り扱う大気汚染防止法に基づき、規制強化の方針を環境相の諮問機関である中央環境審議会が打ち出したからです（**表6-1**）。規制強化の対象には、工

表6-1　大気汚染防止法の概要

構　成		主な経緯	
第1章	総則（第1条～第2条）	1968年	（昭和43年）制定される
第2章	ばい煙の排出の規制（第3条～第17条）	1970年	（昭和45年）公害国会（第64回国会）にて大幅な改正
第2章の2	VOCの排出規制等（第17条の2～第17条の14）	1972年	（昭和47年）水質汚濁防止法と共に「無過失責任に基づく損害賠償規定」が導入された
第2章の3	粉じんに関する規制（第18条～第18条の19）	2004年	（平成16年）SPM、光化学オキシダント、VOCの規制が定められた
第2章の4	有害大気汚染物質対策（第18条の20～第18条の24）	2010年	（平成22年）PM2.5を含む大気汚染物質による汚染状況の常時監視
第3章	自動車排出ガスに係る許容限度等（第19条～第21条の2）	2015年	（平成27年）水銀等の排出規制に関する改正が行われた
第4章	大気の汚染の状況の監視等（第22条～第24条）		
第4章の2	損害賠償（第25条～第25条の6）		
第5章	雑則（第26条～第32条）		
第6章	罰則（第33条～第37条）		
附則			

場、発電所、製鉄所、自動車などの排ガス対策だけでなく、自動車の給油時に燃料が蒸発して発生する揮発性有機化合物（VOC）や有害物質などの削減も含まれます。

中央環境審議会が、最近になって工場や発電所からの煤煙、自動車のNO_X、PM2.5などの排出抑制強化の方針を新たに打ち出した背景には、全国の測定局が行った調査によれば、環境基準を達成している割合が僅か30～40％に過ぎないという汚染状況の厳しい実態にあります。しかも、環境基準はあくまでも一般住民が暮らしている地域を対象にしたものであり、とくに大気汚染物質を排出する工場や発電所など固定発生源の近傍では環境基準が適用されていません。固定発生源の近傍にも環境基準を適用すれば、その達成率はもっと低い数字になります。

日本では、これまで大気汚染防止法など法的規制強化や汚染防止技術の開発、汚染防止装置の導入普及により、国内発生源による大気汚染濃度は低下傾向にあると考えられてきました。しかし、最近になって国内の大気汚染濃度が再び上昇してきているのです。

その理由の一つとして、東日本大震災により起きた東京電力の福島第一原子力発電所事故を契機にして、全国の原子力発電所の稼働停止が相次ぎました。その結果、大量の石油を燃焼する火力発電所のウェイトが高まり、発電所から排出される大気汚染物質が増加したことも大きく影響しています。

いずれにしても、PM2.5など大気汚染物質を抑えるには、中国大陸からの長距離輸送・越境飛来という国外の発生源だけでなく、国内の発生源である工場、発電所、製鉄所、自動車、トラック・バスなどから出る大量の汚染物質をいかに抑制・削減するか、国内の発生源対策がますます重要になっています。

日本には、国内の大気環境を守るための基本法ともいうべき「大気汚染防止法」があります。この法律は、従来の「ばい煙の規制等に関する法律」に代わって1968（昭和43）年に制定されました。当初の煤煙に加えて、その後揮発性有機化合物（VOC）、粉塵、有害物質、自動車排気ガス、SPM、光化学オキシダント、PM2.5など規制対象が追加され、排出基準も量的規制、濃度規制、総量規制へと厳しい規制強化に向けて何度も改正されてきました。

日本では、国内での4大公害裁判（三重県・四日市公害裁判、熊本県・水俣病裁判、新潟県・水俣病裁判、富山県・イタイイタイ病裁判）の闘い、1972年の無過失責任に基づく損害賠償責任の導入、そして公害健康被害補償法制定（1973年制定、1987年改正）に至る厳しい経験を踏まえて、大気汚染防止法を中心とした法的規制は世界でもトップクラスの厳しい水準にあると言われています。

日本で、PM（粒子状物質）に関する法的な規制措置が本格的に導入されたのは、2001年に改定された「自動車NO_X・PM法」においてです（**表6-2**）。正式には「自動車から排出される窒素酸化物及び粒子状物質の特定地域における総量の削減等に関する特別措置法」という長ったらしい名称ですが、この法律はいわゆる「車種規制」と呼ばれるものです。それは、一定の走行条件下で測定された排気ガス濃度が基準を満たしていない車両の新規登録、移転登録および継続登録をさせないことにより、基準を満たさない車両を排除する規制措置です。

自動車NO_X・PM法（2001年改正）では、従来のNO_X（窒素酸化物）に加えてPMが新たな規制対象に追加されました。また、対象となる特定地域とは、首都圏、近畿圏、中京圏の3大都市圏を指します。この法律は1992年に制定されており、その後2001年と2007年に改定されています。

PM2.5に関して言えば、2009年にPM2.5など大気汚染物質の環境濃度を定めた環境基準が決められたことで、日本でもようやくPM2.5規制ができました。米国ではそれ以前からPM2.5規制に取り組んでいますが、それに比べて日本の取り組みはかなり遅れました。環境基準は、大気汚染防止法による排出規制のような罰則規定ではなく、あくまでも基準を

表6-2　自動車NO_X・PM法の概要

「自動車NO_X・PM法」には、

①自動車から排出される窒素酸化物及び粒子状物質に関する総量削減基本方針・総費削減計画（国及び地方公共団体で策定する総合的な対策の枠組み）

②車種規制（対策地域のトラック、バス、ディーゼル乗用車などに適用される自動車の使用規制）

③事業者排出抑制対策（一定規模以上の事業者の自動車使用管理計画の作成等により窒素酸化物及び粒子状物質の排出の抑制を行う仕組み）

などが含まれています。

総量削減基本方針には、自動車から排出される窒素酸化物及び粒子状物質を削減するための基本的な取組の方針を掲げています。これらの基本方針を具体的に実施しようとして定められるものが、都府県ごとに策定される総量削減計画です。

自動車NO_X・PM法は、指定された対策地域において、二酸化窒素については大気環境基準を平成22年度までにおおむね達成すること、浮遊粒子状物質については平成22年度までに自動車排出粒子状物質の総量が相当程度削減されることにより、大気環境基準をおおむね達成することを目標に、これらの対策を総合的・計画的に講ずることを目的としています。

（資料：環境省）

順守するのが望ましいとする努力維持規定です。それでも環境基準が定められたことにより、国民のPM2.5問題への関心は高まり、「環境基準を遵守する」ことが社会的な共通認識として理解されるようになりました。

2010年3月には、大気汚染防止法第22条に基づいてPM2.5を含む大気汚染物質による汚染状況を常時監視する項目が追加されました。これを受けて、全国の自治体を中心に国内500カ所以上の測定局において常時監視態勢が整備されるとともに、環境省も大気汚染物質広域監視システム「そらまめ君」を開発して大気汚染状況に関する速報値（生データ）を提供し、大気汚染状況の情報提供と注意喚起を行っています。

PM2.5など微小粒子状物質は、大陸からの長距離輸送による越境飛来だけでなく、油断すれば国内の発生源（固定発生源・移動発生源を含む）からもすぐに発生・拡散するおそれが常にあります。そのため、大気汚染物質の拡散防止には、発生源近傍を含めた汚染拡散状況を常時監視するとともに、「大気汚染をいかに抑え、削減するか」法的規制を含めた厳しい発生源対策に取り組むことが大事です。

3

ディーゼル車から排出されるDEPの規制措置ー国内の発生源対策②

日本は、自動車の排気ガス規制を1966（昭和41）年から開始して以来、年々その規制を強化してきました。自動車の排気ガス規制は、主として①大気汚染防止法、②自動車NO_X・PM法、③都道府県条例の3本柱で進められていますが、最近では、2009年に施行された排出ガス規制、いわゆる「2009年規制」（実際の実施は2010年）においてガソリン車、ディーゼル車共に厳しい規制措置が導入されました。

とくに、ディーゼル車の規制はガソリン車に比べてそれまで緩やかな規制になっていましたが、2009年規制によりガソリン車並みの厳しい規制措置が取られました。ディーゼル車から排出される排気ガスや粒子状物質（DEP）は、第2章でも詳しく触れたように、気管支炎、気管支喘息、肺がんなどを起こし、発がん性が指摘される有害物質です。人の健康被害への影響を考えると、ディーゼル車の排気ガス・排気物質の規制措置は待ったなしの喫緊の課題でした。

ディーゼル車は燃料となる軽油に高分子化合物が多く含まれており、また、燃料を液体のままシリンダー内で噴霧するため、燃焼残りが多く発生して汚染物質の発生要因になっていました。それに対してガソリン車は燃焼ガスを触媒で後処理していますので、ディーゼル車に比べて汚染物質が低く抑えられています。従来、ディーゼル車には高価で大がかりな後処理装置を取り付けていない車が多かったのです。

国は、2009年規制でディーゼル車に対して排気ガスや粒子状物質の大幅な削減（ガソリン車並みの厳しい削減）を義務付けた規制措置を導入しました。それに対して、東京都は都条例（「都民の健康と安全を確保する環境に関する条例」）で、1990（平成15）年10月から都条例で決められたPMの排出基準を満たさないディーゼル車に対して都内の走行を禁止するとともに、運行責任者には排気ガス浄化装置の設置を義務付けました。

こうした厳しい規制措置もあって、最近ではクリーンディーゼルエンジンの開発が進み、革新的な燃焼技術や触媒技術の開発により、現在のディーゼル車は排気ガス（NO_Xなど）やPMの排出量が極めて少なくなり、ガソリン車並みの環境性能を達成しています。とくに欧州では、クリーンディーゼルエンジンの技術進歩もあってディーゼル車の人気は高いようです。

国内の工場、発電所、自動車などの発生源から排出される大気汚染物質を抑制し、排出量削減する発生源対策は、国レベルの法的規制だけでなく、東京都など地方自治体による行政レベルの積極的な取り組みが大気汚染対策に大きく貢献しています。

4 中国のPM2.5汚染、改善進むか! 発生源対策が大事ー国外の発生源対策①

中国では2013（平成25）年1月から2月にかけてPM2.5など大気汚染物質が歴史的な濃度を記録しました。中でも北京や近隣の天津、河北省の大気汚染は深刻で、毎日どんよりした雲が続き、とくに北京市内は昼間でもスモッグのため遠くが見えないほどでした。当時の在北京米国大使館の大気汚染測定値によれば、2013年1月12日北京の大気汚染の環境濃度は886 $\mu g/m^3$ という驚くべき数字でした。この数値は米国環境保護庁（EPA）の環境基準よれば「Hazardous」（とても危険）に相当します。当時、北京市民の間では、深刻な大気汚染による健康被害を心配して「北京咳」（PM2.5などの影響による呼吸器系症状の悪化を示す俗語）という言葉が流行したほどです。

ところが、最近になって北京のPM2.5汚染がかなり改善されてきたとの新聞報道（日本経済新聞夕刊、2015年7月21日）もあります。北京の米国大使館の独自調査によれば、北京市内のPM2.5濃度は、2015年6月の平均値が2年前の2013年同月比に比べて半分以下に低減したと発表されました。北京市環境保護局の測定では、2015年1～6月のPM2.5濃度は77.7 $\mu g/m^3$ にまで激減したと報告されています。

その主な理由として、北京市環境保護局は次のような点を挙げています。

①政府や北京市の大気汚染対策効果が出てきたこと

②風向きなど気象条件に恵まれたこと

③ある程度、企業側の燃料転換が進んだこと

④最近の景気減速で、経済活動が活発でなくなったこと

確かに、中国政府は2015年から2019年までの5年間にわたる総合的

表6-3　中国・国務院の大気汚染防止行動計画

●2013年9月、国務院は「大気汚染防止行動計画についての通知」を公表。

●主要な目標は以下のとおり。
・2017年までの5年間に全国の一定規模以上の都市のPM10濃度を2012年比10%以上低下させる。
・PM2.5濃度を、北京市、天津市、河北省では約25%、長江デルタでは約20%、珠江デルタでは約15%低下させる。
（※）環境保護部によると、この地域の国土面積は全体の8%ながら、全国の42%の石炭、52%のガソリン・ディーゼルを消費し、55%の鉄鋼、40%のセメントを生産、SO_2、NO_X、煤塵排出量の30%を占める。
・北京市のPM2.5濃度を約60μg/m^3に抑制。

●北京市、天津市なども各地の大気汚染防止計画を策定。

（出典：環境省水・大気環境局）

な大気汚染対策をまとめた「大気汚染防止行動計画」を発表、国・地方政府・企業は総額1兆7千億元（約34兆円）という大規模な予算を投入して大気汚染対策に取り組むという野心的なプログラムを実行に移しています（**表6-3**）。また、中国政府は国営企業の大工場や火力発電所の動力源をそれまでの石炭から石油や天然ガスへと燃料転換するように促す政策を推し進めています。こうした政策効果が出てきたことは間違いないのですが、それだけではありません。それと同時に今年に入り、北京周辺はPM2.5など大気汚染物質が拡散しやすい風向きや気象条件が続いたことを上げる専門家もいます。

北京市をはじめ中国のPM2.5汚染が本当に改善したのかどうか。たまたま気象条件に恵まれて濃度が低減したのか。本当の要因を科学的に解析する必要はありますが、これまでの大気汚染防止に向けた国の政策や自治体・企業の取り組みが一定の成果を上げていることは事実です。

中国のPM2.5など大気汚染問題を抜本的に解決する上で、一番重要かつ効果が大きいのは発生源対策です。すなわち、大気汚染物質の発生源である企業の工場、火力発電所、製鉄所から一般家庭まで、動力源を「石炭から石油や天然ガスへ」といかに燃料転換するかに掛かっています。品質は劣るがコストの安い石炭をこのまま使い続けるか。それとも品質は良いがコストの高い石油・天然ガスに思い切って燃料転換するか。いま国や地方政府、企業や一般家庭まで重大な選択を迫られています（**表6-4**）。

燃料転換には膨大なコスト負担を覚悟しなければなりません。当然燃料転換するには、質は良いが値段の高い石油を輸入せざるを得なくなります。大規模な国営企業なら燃料転換に備えて高いコストを負担する余裕があっても、中小企業や一般家庭にはそこまでコスト負担する余裕はありません。国や政府がどこまでサポートできるかに掛かっています。

燃料転換のコスト負担を避けて深刻な大気汚染をこのまま放置し、環境が悪化すれば、経済活動に影響を及ぼすだけでなく、国民の健康や生活に甚大な被害を及ぼします。中国政府はいま「国民の健康か、経済の優先か」重大な選択の岐路に立たされているのですが、その点を十分に考慮しないで、中国に「早く燃料転換せよ」と一方的に要求してもなかなかうまく行きません。国外の発生源対策は相手国の国内事情も十分考慮した協力・支援が大事です。

公害問題に苦しんだ日本が、いま中国のPM2.5など大気汚染対策に対してできることは、次のような点です。

①日本の先進的な大気汚染の監視システム、大気汚染浄化・公害防止技術を提供し、技術協力や支援を行う。

②法的規制や行政対応、NPO活動など、国や自治体、NPOや民間団体がこれまで蓄積した大気汚染対策や環境問題の経験や知見を提供・サポートする。

③大気汚染問題や環境問題に取り組む若い研究者や専門家など、人材

表6-4　中国・国務院の大気汚染防止行動計画の内容

目標達成のための10項目の措置（十条措置）			
1	総合対策の拡大、多汚染物排出の減少（石炭小型ボイラーの取締り、老朽車の淘汰加速、新エネルギー車の普及、ガソリン品質向上等）	6	市場メカニズム機能の発揮、環境経済政策の整備（価格・税制等の政策により大気汚染防止分野への民間参入を推奨）
2	産業構造の調整・最適化	7	法律体系の整備、法律の監督管理の厳格化
3	企業の技術改造の加速、技術革新能力の向上	8	地域協力メカニズムの構築、地域環境ガバナンスの統括
4	エネルギー構造調整の加速、クリーンエネルギー供給の増加	9	観測予警報応急体制の整備、重汚染天候に対する適切な対応
5	省エネ環境保護に関する市場参入条件の厳格化、産業の空間的分布の最適化	10	政府や企業の責任の明確化、国民参加の働きかけ

（出典：環境省水・大気環境局）

育成や教育支援に協力する。

中国のPM2.5問題が抜本的に解決されれば、大気汚染問題はほとんど解決されるとさえいう専門家もいます。PM2.5問題の解決に向けた国外の発生源対策は、まさしく中国のPM2.5問題がカギを握っていると言っても決して過言ではありません。

5

越境汚染防止には、国際協力・協定・条約の取り組みが必要ー国外の発生源対策②

現在東アジア地域においては、PM2.5、黄砂、光化学オキシダントなど大気汚染の越境問題を解決するために、二国間または多数国間（発生源国を含む）で締結された地域的な環境協定や条約はありません。それに対して、欧米では二国間または広範囲の地域において大気汚染防止をはじめとするさまざまな環境問題について、具体的な規制措置を含む二国間または多数国間の環境協定や条約を作る取り組みが行われています。

国境を越えて地球規模で広がる大気汚染の越境問題は一国だけではとても解決することはできません。越境汚染防止に向けた国際的な取り組みがどうしても必要です。できれば単なる合意や協力にとどまらず、ある程度法的拘束力を持った地域的な環境協定や条約を作り上げていくことが必要になります。もちろん、一口に大気汚染の越境問題と言っても、関係国はそれぞれ様々な国内事情を抱えていて、そうした取り決めや仕組みを作るのは容易なことではありません。しかし、東アジア地域でも欧米地域にならい、まず一つでもそうした地域的な環境協定や条約を作ることに大きな意義があります。

二国間または多数国間に及ぶ国際的な取り決めや規律を作ることは国内法と異なり、義務の履行強制や違反した場合の罰則規定などに大きな弱点や限界があります。できれば関係国同士で話し合いを積み重ね、国際的な合意や協力によって解決するのがより望ましいかたちです。ただ、長年にわたって国家間で積み重ねられた合意形成の努力や取り組みを国際的な環境協定や条約といったかたちに作り上げていくことは非常に重要な発生源対策になります。

日本はこれまで、PM2.5など大気汚染問題の解決に向けた東アジア地域における協力態勢づくりに積極的な努力してきました。以下に、1990年代以降の主な取り組みを挙げてみます。

- 1993（平成5）年　北東アジア6カ国間の「北東アジア地域環境プログラム」
- 1998（平成10）年　日本のイニシアチブで始まり、13カ国が参加する「東アジア酸性雨モニタリング・ネットワーク（EANET）」
- 1999（平成11）年　「日中韓3カ国環境相会合（TEMM）」
- 2002（平成14）年　「ASEAN＋日中韓環境相会合」
- 2008（平成20）年　ASEANを含めた「東アジアサミット環境相会合」（EAST TEMM）

中でも日中韓3カ国環境相会合（TEMM：Tripartite Environment Ministers Meeting）は1999年以降毎年開催されており、各国が持ち回りで開催して対話を積み重ね、共同コミュニケを発表しています（**図6-1**）。その目的は「3カ国は、この枠組みの中で北東アジアの環境管理において主導的な役割を果たすとともに、地球規模の環境改善に寄与することを目指す」ことにあります。

現在、TEMMが共同計画で優先的に取り組んでいるのは、次の9つのテーマです。

⑴PM2.5などの越境汚染問題を含む大気環境改善
⑵生物多様性
⑶化学物質管理と環境に係る緊急時対応
⑷資源循環利用／3R（Reduce：廃棄物の発生抑制、Reuse：再使用、Recycle：再生利用）／電気電子機器（E－waste）の越境移動
⑸気候変動対策
⑹水および海洋環境保全

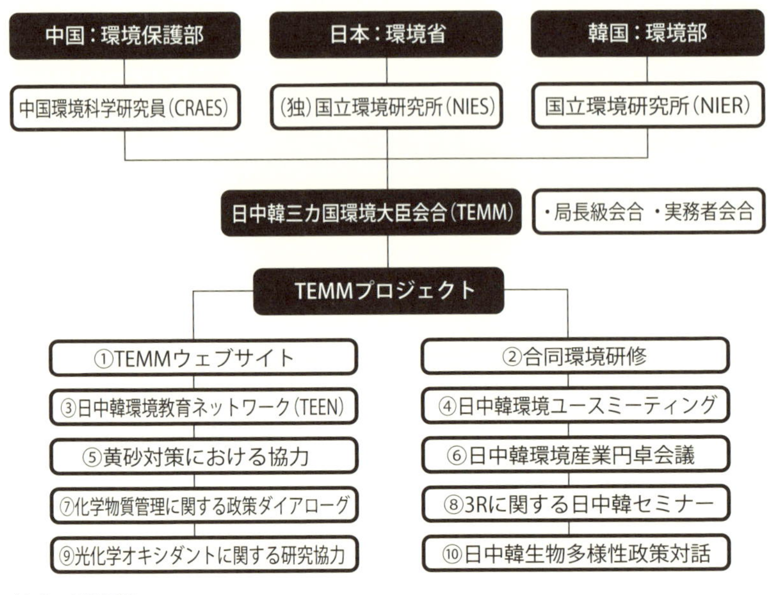

（出典：環境省）

図6-1 日中韓の環境協力・TEMM

(7)環境教育、人々の意識向上および企業の社会的責任（CSR）
(8)地方環境管理
(9)グリーン経済への移行

日本はこれらの問題について、政府と地方自治体、企業やNPO・住民団体などがこれまで長年にわたりさまざまな公害問題の解決に取り組んできた豊富な経験と科学的な知見があります。PM2.5など大気汚染問題は一朝一夕には解決できません。長年の積み重ねと努力が必要です。とくに、日本は公害問題に取り組んだ過去の経験からも、東アジア地域における大気汚染・環境問題の解決にリーダーシップを発揮して、この地域に貢献することに大きな意義があります。

第7章

PM2.5を防ぐにはどんな対策グッズがありますか

1

PM2.5を防ぐための屋外対策と屋内対策について

PM2.5など大気汚染物質から健康を守るには、一切の汚染物質を体内に吸い込まないようにするのが理想ですが、しかし日常生活において汚染物質をまったく吸い込まずに生活するのは困難です。PM2.5など微小粒子状物質は、小量・微量にせよ大気中に常に存在しているものですから、それらの物質をまったく体内に吸い込まないようすることは不可能です。

そこで大切なことは、PM2.5など大気汚染物質の有害性から我が身を守るにはどうしたらよいか。健康被害や影響が及ばない範囲での、有効な対応策と対策グッズの上手な活用法が重要になります。とくに、PM2.5など大気汚染物質濃度が環境基準値や注意喚起指針値を超える場合、どのような屋外対策や屋内対策に留意したらよいか、主な項目を挙げてみました。

〈PM2.5から身を守る屋外対策〉

・外出の際は、環境省の「そらまめ君」でPM2.5や大気汚染状況をチェックする。

・PM2.5環境濃度が、1日平均値70 $\mu g/m^3$（注意喚起指針値）を超える場合は、できるだけ不要不急の外出を避ける。

・PM2.5など大気汚染物資を大量に吸い込まないように、屋外での長時間に及ぶ激しい運動や活動は避ける。

・外出する場合は、必ずPM対策用の高機能防塵マスクを着用する。

・幼児や子供はできる限り屋外で遊ばせないようにする（高濃度時）。

・既往者、高齢者、高感受者は体調に応じて、屋外行動を慎重にする。

〈PM2.5から身を守る屋内対策〉

・自分の居住区域のPM2.5など大気汚染状況を「そらまめ君」でチェックする。
・外出先から帰ったら、必ずうがい、手洗い、洗顔をする。
・PM2.5濃度や大気汚染状況が高い場合は、窓を開けて換気を行うのを避ける。換気扇の使用もひかえる。
・PM2.5濃度や汚染状況が高い場合は、布団や洗濯物は室内干しをする。
・PM2.5対応（高機能フィルター付き）の空気清浄機を使用する。
・掃除機もHEPAフィルター付きのPM2.5対応のものを使用する。
・タバコの煙にはPM2.5が含まれるので、室内での喫煙を禁止する。
・PM2.5など微小粒子状物質をキャッチする機能のあるカーテンを使用する。

日常生活で心配されるのは、大気中からのPM2.5の吸引の他に、食品からPM2.5など微粒子を摂取した場合にはどうしたら良いか、健康への影響があるのかについての配慮です。

PM2.5が付着した食品を摂取した場合と、口や鼻など呼吸器系からPM2.5を吸引した場合とでは、体内への取り込み方や仕組みが異なるので、健康への影響は同じではありません。食べたものは、気道を通って肺には行かずまず食道を通って胃に行きます。PM2.5の主要成分は硫酸塩や硝酸塩などの無機塩が大部分を占め、その他炭素成分などとなっています。無機塩は市販されている食品の中にも当たり前のように含まれていますので、仮に多少のPM2.5が付着した食品を摂取したとしても、健康への被害や影響はほとんどありません。

2

マスクはN95タイプかDS2タイプを使用、不織布マスクも一定の効果

PM2.5から身を守る対策グッズにはいろいろな種類がありますが、まず外出する際に着用するものとしては、

①口や鼻からの侵入はマスクで防ぎます。

②目からの侵入はカバー付きメガネで防ぎます。

とくに雨上がりの日はマスク着用が必要です。なぜなら、雨によって花粉やPM2.5のような微小粒子状物質が地面やアスファルト上に落ちます。天気が晴れると地面やアスファルトに付着していた花粉やPM2.5の微小粒子状物質が一気に舞い上がり、大気中にたくさん浮遊するからです。

PM2.5対策用マスクとしては、次のどちらかの規格に合格したマスクが有効です。

①N95（米国・労働安全衛生研究所（NIOSH）の認めた規格）規格タイプ

②DS2（日本・厚生労働省の認めた規格）規格タイプ

どちらの規格タイプも有効性は同じレベルです。

N95規格とは、粒径0.1～0.3μmの細かい微粒子を95％以上除去可能なことを示しています。またN99規格の場合、0.1～0.3μmの微粒子が99％以上捕集・除去できることを表しています。市販されているマスクでは、N95タイプ、N99タイプ、DS2タイプのものを入手できます。

実際にマスクを着用する時には、次のような点に注意してください。

〈マスク着用上の注意点〉

①マスクと顔に隙間ができてしまっては、効果は半減します。隙間のないようにマスクのワイヤー部分を鼻にフィットさせます。
②マスクは口や鼻を隠すだけでなく、顎まですっぽりかぶせます。
③長時間装着しても息苦しくならない、口と鼻の部分に空間のできる立体構造のマスクを使います。
④マスクを装着後、息漏れがないかチェックします。
⑤息漏れがあれば、マスクの位置やワイヤー部分を調整します。

一般の不織布マスクは上記のマスクに比べると効率は低いのですが、ウィルスなどと異なり、PM2.5は多少体内に入っても、その後増殖するものではないので、一定の効果は期待できるはずです。

PM2.5の目からの侵入を防ぐには、目の周りを覆うカバー付きメガネを使用します。普通のメガネでは隙間だらけでPM2.5など微小粒子状物質がどんどん入ってきます。ただし、PM2.5対策用メガネはありませんので、花粉対策用メガネでもある程度目を守ることができます。その際には、メガネのフレームと顔の間、またノースパッド（鼻あて）とメガネのツルの部分をうまく調整して隙間を埋める工夫が必要です。

成人と違って、乳児や小児はマスク着用を嫌がりますので、PM2.5対策としてマスクは使わない方がいいかも知れません。乳児や小児用の防塵マスクや携帯型空気清浄機もあるようですが、基本的にはPM2.5など大気汚染リスクのある場合には、乳児や小児の外出はできる限り避けてください。

3

HEPAフィルター付き空気清浄機が主流、メンテナンスは簡単なものがよい

PM2.5から身を守る対策グッズとして代表的なものに空気清浄機があります。市販されているPM2.5対応の空気清浄機は、次の基準に準拠したものがほとんどです。

①国内のものは日本電機工業会の定めた自主基準に準じたもの

②海外のものは米国家電製品協会（AHAM）の認定した基準（CADR：Clean Air Delivery Rate清浄空気供給率）に準じたもの

日本電機工業会の定めるPM2.5対応の自主基準は、大気汚染物質をいかに多く除去したか除去率に重点を置きます。具体的には0.1～0.25μmの微粒子成分を約8畳（32m³）の密閉空間に放出して90分以内に99%以上除去できるものです。それに対して、CADRは、タバコ煙、粉塵、花粉の3種類の大気汚染物質を除去して、いかに早くきれいな大気を供給するか、清浄スピードに重点を置いています。具体的には、空気清浄機が1分間当たりにどれだけ清浄な空気を供給するかを示します。

空気清浄機は、①加湿機能付き空気清浄機と②単機能空気清浄機の2種類に大別されますが、現在は国内メーカーを中心に製造販売されているものでは加湿型空気清浄機が主流を占めています。

空気清浄機は、その本体に屋内（室内）の大気を吸い込み、大気中に含まれる花粉やPM2.5などの微小粒子状物質をフィルターでろ過・捕集するのが一般的な仕組みです。そのため、「いかに屋内（室内）の大気を効率よく吸い込み、PM2.5など微小粒子状物質をきめ細かくろ過・捕集するか」がポイントになります。そのため、大気を吸い込むファンの大きさ＝風量と、大気中に浮遊するPM2.5など微小粒子状物質をろ過・捕集するフィルターの捕集率の性能が重要なポイントになります。

空気清浄機の清浄能力は、まず風量によって左右されます。一般に、風量の大きいものほど多くの空気を吸い込むことができますので、屋内の空気を循環させ、正常にする能力も高くなります。ただ、風量の大きさはファンの大きさ→本体の大きさに直結しますので、使用する部屋の大きさも配慮して選ばなければなりません。

次にフィルターについては、現在の空気清浄機は捕集率の性能の高いHEPAフィルターか、さらにそれより捕集率の高いULPAフィルター付きのものがほとんどです。HEPAフィルター（High Efficiency Particulate Air Filter）は、JIS8122規格に定められた「定格風量で粒径が0.3μmの粒子に対して99.97％以上の粒子捕集率を持ち、かつ初期圧力損失が245Pa（Paは圧力損失の単位：パスカル）以下の性能を持つエアフィルター」を言います。それに対して、ULPAフィルター（Ultra Low Penetration Air Filter）はJIS8122規格に定められた「定格風量で粒径が0.15μmの粒子に対して99.9995％以上の捕集率を持ち、かつ初期圧力損失が245Pa以下の性能を持つエアフィルター」を言います。HEPA、ULPAのいずれの規格のフィルターもきめが極めて細かく、PM2.5の捕集率は非常に高いものがあります。

通常、大気中に浮遊するちりやほこり、PM2.5などの細かい微粒子などを捕集する方式（集塵方式）には次の3つのタイプがあります。

(1)ファン式

この方式は、ファンを回転させて吸い込んだ空気をフィルターでろ過・捕集するもので、現在の空気清浄はこの方式が主流です。ただ、騒音が発生するのが欠点です。

(2)電気式

この方式は、電気の力で大気中の粒子状物質をプラスの電荷に帯電させます。次にフィルターはマイナスの電荷に帯電させます。そして、プラスの電荷を帯びた粒子状物質を静電気によって効率よく吸着させて捕集します。これはフィルターの目詰まりが少なく、それにより風量を低く抑えることができます。

(3)イオン方式

この方式はマイナスイオンを大気中に放出して、大気中に浮遊しているちりやほこり、PM2.5など微小粒子状物質を帯電させて捕集する仕組みです。ファン式に比べて集塵・捕集効率は低いのですが、騒音は発生しません。

現在国内で市販されている空気清浄機は、その基本機能や性能にそれほど大きな違いや差はありません。そのため、利用者としては「いかにメンテナンスしやすいか」が選択の重要なポイントになります。

〈空気清浄機・メンテナンスのポイント〉

・フィルターの掃除が簡単にできるもの
・タンクやトレーの洗浄も簡単にできるもの
・取り外すパーツが少なく、作業が簡単なもの

空気清浄機の他に、空気清浄機能を付けたPM2.5対応エアコンもあります。代表的なものはプラズマ空気清浄機能付きエアコンです。捕集した花粉や粉塵、カビや細菌などの汚染物質は、冷房や除湿で発生した水とともに99%以上屋外に除去します。エアコンを通して屋外の汚染物質が屋内に入ってくることはありません。また、プラズマ装置はフィルター交換の必要はありません。当然、空気清浄機能付きですので、通常のエアコンよりも値段は高くなります。

4

掃除機は紙パック式かサイクロン式か、布団クリーナーに必要な3つの機能

大気中に浮遊するちりやほこり、花粉やPM2.5など微小粒子状物質は空気清浄機で除去できますが、床や布団などについたダニやカビ、花粉やPM2.5などの汚染物質は空気清浄機では除去できません。それらはPM2.5対応の掃除機や布団クリーナーで除去するしかありません。床や布団に着いたダニやカビ、ちりやほこり、PM2.5などの汚染物質は赤ちゃんや幼児が吸い込んだり触れたりする機会も多いので、しっかり除去することが大事です。

PM2.5対応の掃除機は、集塵方式の違いによって紙パック式のものとサイクロン式のものに大別されます。

(1)紙パック式掃除機

従来の方法で吸い込んだ空気は紙パックを通してちりやほこり、花粉やPM2.5など汚染物質を本体の紙パックにためる方式です。この方式では紙パックがフィルターの役割も兼ています。

(2)サイクロン式掃除機

吸い込んだ空気を竜巻状に回転させて、重量の異なる空気とちりやほこり、花粉やPM2.5などの汚染物質とを遠心分離させる方式です。これにより、汚染物質はダストカップにたまり、空気はフィルターを通って排出されます。

それぞれの方式の長所と短所を比べてみると、次のようになります。

〈紙パック式とサイクロン式の比較表〉

	紙パック式掃除機	サイクロン式掃除機
汚染物質の廃棄	2～3カ月に1回	毎日～1週間に1回
フィルターの掃除	不要	必要
紙パック代	必要	不要
吸引力の保持	弱くなる（低下する）	変わらない
排気のにおい	においがする	ほとんどない

PM2.5対応の掃除機を選ぶ場合の注意するポイントは、空気の吸引力の強さとフィルターの性能にあります。空気の吸引力は、通常サイクロン式よりも紙パック式の方が強いのですが、最近ではサイクロン式も吸引力を強化したパワーサイクロン式のものも開発されているので、吸引力の違いはあまりないようです。フィルターはPM2.5に対応した高機能のHEPAフィルターがほとんどの掃除機に搭載されています。

床の上に着いた汚染物質を取り除く場合、掃除機を使った後必ず床の「水ぶき」をしっかり行ってください。また、紙パックを交換したり、たまった汚染物質を捨てる際には、マスクを着用して必ず屋外で行ってください。屋内で行うと、室内に汚染物質が飛散するおそれがあります。

次に布団についたダニやほこり、花粉やPM2.5などの汚染物質を除去する時はPM2.5対応の布団クリーナーを使います。布団は厚みがあり、またダニやほこり、PM2.5など微粒子も布団の奥の方に付着している場合が多いので、太陽に干しただけではなかなか死なないし、簡単に除去しにくいのです。ダニやカビ、PM2.5など微粒子を長年吸い込むと、気管支喘息、アトピー性皮膚炎、アレルギー性鼻炎、アレルギー性疾患になりやすいので、注意する必要があります。屋内でダニが最も住み付きやすいのは、布団、ソファ、カーペット類です。とくに湿度や温度が高くなると繁殖しやすくなります。そのため、布団クリーナーを選ぶ際に留意するポイントは次の3点です。

・ダニやほこり、花粉やPM2.5をしっかり吸引する「吸引力」
・布団の奥の方に潜んでいるダニやほこり、PM2.5などを叩き出す「たたき出し機能」
・紫外線を照射することで、殺菌・除菌効果も高まる「紫外線照射機能」

これらの機能を備えた布団クリーナーが望ましいと言えます。

5

外干しを望まない人には、乾燥機能の優れたドラム式乾燥洗濯機

衣類などの洗濯物や布団などを屋外で干すと、どうしても花粉やPM2.5などの大気汚染物質が付着します。そのため、衣類などに花粉やPM2.5などが付着するのを防ぐため、屋外に洗濯物を干したくない人に、外干しの必要ない、乾燥機能に優れたドラム式洗濯乾燥機が注目されています。ドラム式乾燥洗濯機は、従来の縦型洗濯機に比べて乾燥機能に優れていることが大きな特色です。

(1)ドラム式乾燥洗濯機

横向きのドラム槽ごと回転させて、衣類を上から下へと落として洗う「たたき洗い」方式。縦型洗濯機に比べて洗浄時間が長く、洗浄力はやや弱いが、衣類のしわや傷みが少ない方式です。乾燥機能に優れていて、素早く乾燥させることができます。

(2)縦型乾燥洗濯機

洗濯機の水槽に水をためて洗濯槽の底にある羽根を回転させることで、水の力で衣類をこすり合わせて洗う「もみ洗い」方式。ドラム式に比べて洗浄力は強いものの、衣類を傷めやすいという短所があります。衣類にしわが多く、固まりやすいので、完全乾燥は望めず、どうしても半乾きになりやすいのが欠点です。

縦型乾燥洗濯機だと衣類が半乾きになりやすいので、外干しが必要ですが、ドラム式乾燥洗濯機は完全乾燥機能ですので、外干しは必要ありません。そのため、屋外に洗濯物を干したくない人にとってはドラム式乾燥洗濯機が適しています。

PM2.5対応レースカーテンを用いて花粉やハウスダスト、PM2.5など微小粒子状物質が屋外から部屋の中に入り込むのを防ぐこともできます。特殊に編み込んだレース生地に電気を帯びさせ、静電気の力で大気中に浮遊する花粉やPM2.5を捕集・除去したり、あるいはレース生地の中に薬剤を加工したりすることで、カーテンを通して部屋の中に入ってくる花粉やPM2.5などに付着している有害物質を低減・除去します。

大気中に浮遊する花粉や黄砂、PM2.5などの大気汚染物質の体内や屋内への侵入を完全に防ぐことはできません。しかし、これらの対策グッズを組み合わせてうまく使えば、健康への影響を最小限に抑え、十分な効果が得られます。あまり神経質になり過ぎず、上手に付き合っていくのも賢い対策法です。

終 章　きれいな大気を取り戻し、新しい経済のかたちをつくる

(1)大気汚染に対するリスク対策 ー予防対策がもっとも安価で効果が大きい

現在、私たちは地震・台風・洪水・火山爆発・火災などの自然災害から大気汚染・水質汚染・土壌汚染、食物汚染、感染症などの人工災害までさまざまなリスクに囲まれ、まさしくリスク社会の中に生きています。

私たちはリスクを完全に避けてリスクゼロの中で生きることはできません。誰もがある程度のリスクを引き受けて生きていかざるを得ません。そうしたリスクから身を守り、安全に生きていくには、リスクの発生や拡散を科学的に予測してその対応策を考え、リスクの影響をできる限り抑えてリスクの被害や損失を極力削減するよう努めます。まさにリスクとどう向き合って生きていくか、リスク管理の基本的な考え方や具体的なリスク対策が極めて重要になります。

私たちが日常生活の中で直面する様々なリスクは、リスク管理の観点から次の4つのタイプに大きく分けられます。

(1)予測可能なリスク

(2)予測不可能なリスク

(3)制御可能なリスク

(4)制御不可能なリスク

また、リスク発生のレベルや規模から次の3つに分けることもできます。

①個人・企業レベルで対応可能なリスク

②国・地方自治体レベルで対応可能なリスク

③グローバルレベルで対応可能なリスク

これらのリスクにどう向き合うか、リスク管理の基本的な取り組みは、次の3つの段階を経て行われます。

(1)リスク評価：科学的な疫学調査や曝露実験などを行い、リスクのレベルや内容、規模や影響度、有害性などを把握してリスクを評価します

(2)リスクコミュニケーション：科学的な調査や研究によって解明された情報・知識・知見を広く社会に提供して、リスクに対する心構えや準備、情報共有や相互交換を行います

(3)リスク管理：科学的なリスク評価に基づいて、環境基準値の設定、観測・監視体制の整備、規制の実施、国や地方自治体などによるリスク管理やリスク対策を行います

私たちは科学技術の最先端の知識や知見を活用し、これまで災害対策に取り組んできた多くの経験を生かすことができます。リスクの発生を科学的に予測してその対策に備えるとともに、その被害や損失を最小限に抑えてリスクの影響からいかに身を守るか、リスクの制御管理（リスクコントロール）に努めます。

地震・台風・火山噴火などの自然災害リスクや一部の人工災害リスクについては、科学技術が進歩した現在ではリスク発生の科学的な予測やリスクの制御管理がある程度可能になりましたが、それでもその発生を正確に予測してリスクの被害や損失をゼロに抑えてその影響を完全にコントロールすることはできません。

たとえば、地球規模で飛来拡散するPM2.5など大気汚染は、科学的な研究調査によりある程度予測可能なリスクもあれば、科学的な解明がまだ不確実で予測不可能なリスクもあります。また、人間の経験や努力、科学技術の力によってある程度コントロールできるリスクもあれば、コントロールできないリスクもあります。大気汚染などの環境リスクはそうした二面性を持っています。

大気汚染など環境リスクに対する対策は、次の3つのタイプがあります。

⑴リスクが発生し、その被害が起こってから政策が動き出す「対症療法対策」

⑵リスク発生の因果関係が科学的解析によって解明されている問題に適用される「未然防止対策」

⑶リスク発生の因果関係が科学的解析によってまだ解明されていない問題に適用される「予防対策」

国や地方自治体によって行われるPM2.5の環境基準の設定、観測ネットワークの構築や監視態勢の整備、測定技術の精度向上やシミュレーション予測技術の確立などの施策はまさしく（⑴や⑵の対応策に相当します。

問題となるのは、大気汚染リスクの因果関係がまだ明らかになっていない⑶のケースですが、大きな被害の可能性が予想される場合には、国や地方自治体、企業などは具体的な予防対策を行うことを延期したり、躊躇してはならないということです。

このことは、1992年ブラジルのリオデジャネイロで開催された「環境と開発に関する国際連合会議（UNCED）」において合意された宣言にも、「十分な科学的確実性がない場合でも、重大なまたは回復不能な損害のおそれがある時は、予防対策を延期すべきではない」と明記されています。また、我が国でも環境基本法4条と19条において予防対策の重要性が示されています。

実際に大気汚染などの環境リスク対策は、被害が起こってから慌てて対処する事後対策よりも、起こる前に未然防止し、予防対策する方が、費用対効果の面からもはるかに安いコストで大きな効果が得られます。しかも、予防対策は国や地方自治体の行政レベルから企業、個人まで、それぞれのレベルに応じた適切な対応策を実行することができます。

まさに、大気汚染など環境リスク対策は、事後対策よりも未然防止の徹底と予防対策の実行が何より大事です。

(2)大気環境の改善は一国では不可能、根本解決にはエネルギー転換が必要

現在は、人、もの、お金、情報が国境を越えてボーダーレスに移動する時代です。大気汚染、水質汚染、海洋汚染、土壌汚染など環境リスクもまた越境汚染に見られるようにボーダーレスに移動する「環境リスク・ボーダーレスの時代」です。とくに、黄砂や花粉、PM2.5など大気汚染物質は、粒径の細かい重量も軽い微粒子なので偏西風や季節風など気流の大きな影響を受けて国境をたやすく越えて激しく移動します。

こうした大気汚染などの環境リスクに素早く対応するには、

(1)ボーダーレスに移動する汚染物質の状況や変化を追跡・監視して、その拡散経路や汚染分布状況をリアルタイムに解析・予測する（追跡監視とリアルタイム解析予測）

(2)汚染物質の重量濃度だけでなく、汚染物質はどこから発生したものか、成分分析に基づいて発生源の特定と対策をスピーディに行う（発生源のスピーディな特定と対策）

ことが求められます。

黄砂やPM2.5など大気汚染物質が国境を越えてボーダーレスに移動する状況や変化、拡散経路や分布状況は、気象観測衛星による追跡観測システムや常時監視ネットワークを用いて分単位の詳細な観測データを得ることができます。問題は、膨大な量の観測データ（ビッグデータ）をいかに素早く解析して拡散経路や分布状況を正確に予測するか、リアルタイム解析とシミュレーション予測の精度向上に掛かっています。

ボーダーレスに移動する大気汚染物質の発生を素早く防止するには、汚染物質がどこから発生しているのか発生源を特定することが必要です。発生源を特定するには、汚染物質がどういう成分によって成り立っているか、その成分分析が欠かせません。

衛星観測では汚染物質の性状や成分を分析して発生源を特定することはできません。日本で発生したPM2.5濃度の上昇が、果たして国内の発生源によるものか、それとも中国大陸からの越境汚染によるものか、衛星データだけで客観的に証明できません。

そこで、衛星データだけでなく地上での定点観測データと組み合わせて複合的に解析することで、汚染物質の成分分析を行い、発生源を特定することが可能です。こうした発生源の特定をいかにスピーディに行うかは、解析技術の精度向上の上から今後の大きな課題になります。

ボーダーレスに移動する大気汚染から身を守り、大気環境を改善するには一国の取り組みや努力だけでは不可能です。地球規模の環境リスクに対しては各国間の連携による観測技術の精度向上や観測ネットワーク構築に向けた国際協力態勢の確立や、国際ルールに基づいた具体的な制度や仕組みづくりが必要です。

それとともに、大気汚染防止・大気環境改善の中・長期的な根本解決には、汚染源である石炭・石油・天然ガスなど化石燃料の燃焼に依存したエネルギー政策から、太陽光・風力・地熱・バイオマスなど自然エネルギー（再生可能エネルギー）への「段階的な転換」なくしては難しいのが実情です。汚染物質の除去技術の開発進歩、観測・解析技術の精度向上、観測ネットワークの構築など技術改善や技術基盤整備に頼るだけでは限界があります。もっと根本的な解決策として国のエネルギー政策の大きな転換が避けて通れません。

先進国も途上国も、これまで経済成長を優先してこうしたエネルギー政策の転換を先送りしてきました。しかし、中国の現状からも分かるように、大気環境汚染の悪化や環境リスクの増大がむしろ健全なる経済成長のブレーキになるとともに、人びとの生命や環境に大きな脅威や被害を与えます。費用対効果の経済的側面からも見ても、化石燃料の燃焼による大気汚染負担コストと、自然エネルギーへの代替開発コストを正確なデータに基づいて比較分析し、利用者のコスト負担（安全コストも含む）も考慮して、長期的にどちらのコストパフォーマンスが良いか、十分に検討する必要があります。

1972年OECD（経済協力開発機構）委員会は、「環境政策の国際経済的側面に関する指導原則」として、汚染物質の排出源である汚染者に対して汚染物質発生による損害費用の支払いを義務付けた「汚染者支払い原則」を制定しました。これに対して、日本でも1973年の「公害健康被害補償法」において、汚染原因企業の汚染回復責任と被害救済責任を明示した「汚染者負担原則」を制定しました。汚染物質を排出する汚染者に対して、汚染損害コストの負担責任を法律的にも明確にしたわけです。

日本は、いまでも公害防止の先進技術や環境リスク対策において、政策的にも技術的にも世界トップクラスですが、今後大気汚染防止・大気環境改善の根本解決に不可欠なエネルギー政策の転換においても世界の先進モデルになれるか、いま大きな転機にあります。

(3)きれいな大気を取り戻し、地球環境の循環システムを豊かにする新しい経済

人間の生命活動にとって不可欠な自然資源は空気と水と太陽光です。そのうち、人が1日のうちで一番多く摂取するのは、水や食物ではなく空気です。その1日平均摂取量は水が1.2kg、食物が1.3kgなのに対して空気はなんと18kgです。とくに子供は大人と比べて2倍以上の空気摂取量が必要だと言われます。子供と大人の体重1kg当たりの空気の摂取量を比較しますと、子供は大人の2倍以上の量の空気が必要になります。きれいな空気の存在は、子供の成長にとってそれほど大切な自然資源です。逆に大気汚染は子供の成長を妨げる最大の障害であると言えます。

きれいな大気を取り戻すことは、子供の成長のみならず人間の生命維持活動にとっても、人類の共通の最重要課題です。人間の生命維持に欠

かせない空気や水や太陽光の自然資源のうち、とくに空気はこれまで「ただで得られるもの」と考えられてきました。空気は、価値はあっても価格のないものの代表のように考えられてきました。しかし、近年になって地球規模での大気汚染が酷くなってきたことにより、きれいな空気はいままでのように「当たり前のように、容易にただで得られるもの」ではなくなっています。

環境学や生態学の分野では「生態系サービス」という言葉があります。それは地球環境の自然活動によってもたらされる人類共通の恩恵や利益になる機能（サービス）を言います。清浄な大気環境によってもたらされるきれいな空気の存在、すなわち大気の浄化機能こそ、まさしく生態系サービスの代表的なものと言えます。

しかし、きれいな空気のような生態系サービスはただ（無償）で容易に得られ、壊れることなく永久に、無限に利用できるものと誤解している人がいまなお多いのです。PM2.5など大気汚染や水質汚染に見られるような、環境の酷使や環境破壊によって、人類が共通してこれまで享受できた生態系サービスが容易に得られなくなっています。誰もがきれいな空気やきれいな水のような生態系サービスを得られるようにするには、地球環境や自然活動の循環システムを維持し、それを妨げるさまざまな脅威や障害を取り除く優れた知恵とたゆまぬ努力が必要です。

大気汚染状況は、これまで国際的な観測・監視システムの構築、各種規制措置の整備、汚染除去技術の開発などによりかなり改善されつつあります。しかし、大気環境の根本的な改善は、大気汚染の発生源である石炭・石油・天然ガスなど化石燃料に依存したエネルギー政策から、太陽光・風力・水力・地熱・バイオマスなど環境負荷の少ない自然エネルギー・再生エネルギーへの転換なくしては非常に困難です。化石燃料・エネルギーに依存した古い経済から、自然エネルギー・再生エネルギーを利活用した新しい経済のかたちや仕組みに大胆に変革することがどうしても必要になります。

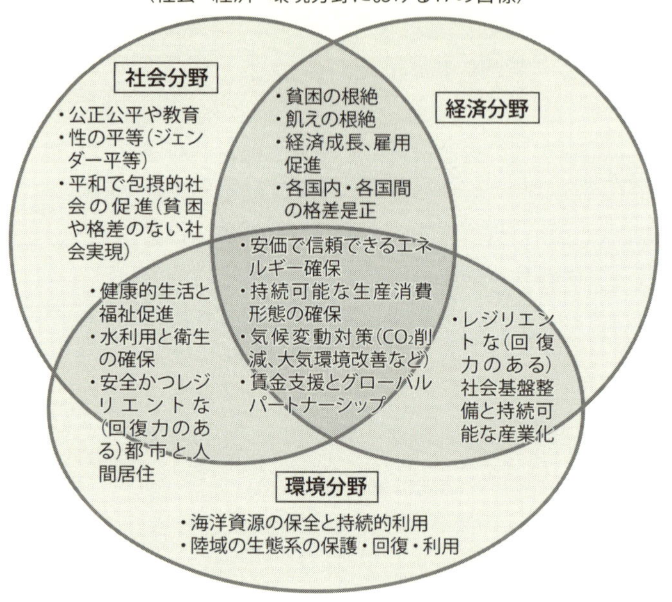

〈著者注〉：
(1)2015年までの国連ミレニアム開発目標は途上国での貧困の撲滅を目指したが、2030年までに世界が目指す「持続可能な開発目標」は、地球環境の維持・改善だけでなく、社会的公正と格差是正、持続可能な経済成長とイノベーションも含まれています。
(2)地球環境の保全には、①PM2.5汚染物質など大気環境の維持・改善、②水利用、水質保全など水環境の維持・改善、③土壌汚染防止など土地環境の維持・改善が大きな目標となります。
(3)「新しい経済」は、次の3つ（環境・社会・経済）のバランスのとれた発展が中心となります。
　①地球環境の維持・改善（地球環境の保全）
　②社会的な貧困・格差なき社会の実現
　③持続可能な経済成長と繁栄・雇用促進

（ジェフリー・サックス米国コロンビア大学地球研究所長ら各種資料を参考に著者作成）

図E-1　持続可能な開発目標（2016～30年）（2015.12 国連総会で採択）
17の目標のもとに19の小目標

新しい経済のかたちや仕組みへの変革（トランスフォーム）が、自然の循環システムを豊かにし、環境の価値を高めることにつながります。

2015年12月に開かれた国連総会で採択された『持続可能な開発目標(2016～2030年）/リオ＋20の「我々が望む未来」』において、世界が目指す17の開発目標の中にも、「地球環境の維持・改善・保全」がはっきりと明記されています（**図E-1**）。

PM2.5など大気環境の改善は、地球環境の保全にとって最も重要な課題のひとつです。きれいな大気を取り戻すことが、持続可能な開発や成長、地球環境の保全にとって極めて大切な目標となります。

〈古い経済から新しい経済への変革〉

	〈新しい経済のかたち〉	〈古い経済のかたち〉
エネルギー・資源	自然エネルギー、再生エネルギー	化石燃料・エネルギー
経済システム	省エネ・省資源の循環型経済	大量生産・販売・廃棄の経済
自然の循環システム	循環システムを維持・保全する	循環システムを劣化・破壊する
環境負荷の影響	環境負荷の削減、負荷コスト減少	環境負荷増大、負荷コスト増加
生態系サービス	生態系サービスを豊かにする	生態系サービスを劣化させる

あとがき

いま地球環境の未来に対して、世界中の人たちが強い関心を持っています。1992年6月ブラジルのリオデジャネイロで開催された第1回地球環境サミットにおいて、初めて「地球環境の改善・保全」と「持続可能な社会の発展」という考え方が発表されました。それ以降、人々の大気、水、土壌など、自分たちの身の回りの環境に対する関心や危機感はますます高まっています。

2015年12月に地球温暖化対策の新たな枠組みの合意を目指したCOP21（第21回国連気候変動枠組み条約締約国会議）がフランス・パリで開催されました。COP21では2020年以降の温暖化対策に先進国、途上国も含めてすべての国が参加する中、法的拘束力を持つ「パリ協定」が合意されました。全体目標として「2030年までに産業革命からの世界の平均気温上昇を2℃未満に抑える」ことが掲げられ、すべての国が排出量削減目標を作って提出、その達成のための国内政策を取っていくことが義務付けられました。

一方、COP21開催中に中国・北京ではPM2.5などによる深刻な大気汚染に襲われ、初の最高レベル「赤色警報」が発令されたとのニュースが飛び込んできました。このため、学校は一時休校、一部の工場は操業停止、一部車両の運行制限などによる緊急対策が実施されました。中国ではPM2.5などの大気汚染がますます深刻化しており、もはや待ったなしの抜本対策が求められています。中国で発生した大気汚染は日本にも飛来して、日常生活や健康被害に大きな影響を及ぼす可能性があります。

COP21で採択された新たな取り組みは、地球環境の改善・保全を目指した長期的な努力目標です。それに対して、PM2.5問題はすぐにでも解決すべき、ホットで切実な“今”の問題です。PM2.5問題の解決は、

COP21の努力目標を達成するための長い道程の重要な里程標になります。PM2.5など大気汚染の問題は一国だけで解決するのは不可能で、COP21で示された国際的な協力態勢が必要になります。

本書は、PM2.5問題を手掛かりに大気汚染の問題をさまざまな視点からまとめたものです。大気汚染の問題はなぜそれほど重要か。PM2.5問題の本質は何か。PM2.5は人間の健康にどのような影響を与えるか。なぜ越境飛来するのか。PM2.5拡散をどう防止するか。人々の生活にどういう影響を及ぼすか。どのような対策が必要かなど、PM2.5の科学的な知識と正しい理解が得られるよう分かりやすく解説したつもりです。とくに、PM2.5の健康影響については、この問題にいち早く取り組まれた嵯峨井勝先生から科学的な知見やアドバイスをいただきました。また、本書の企画については、ウレット・レンゴロ東京農工大学大学院准教授からもご協力いただきました。お二人に深く感謝致します。

最後に本書の出版に際しては、日刊工業新聞社出版局の辻總一郎氏、鈴木徹氏、矢島俊克氏に大変お世話になりました。御礼申し上げます。

2016年1月　　著者

著者略歴

畠山史郎（はたけやま　しろう）

昭和26年東京都出身。東京大学理学部化学科卒業、東京大学大学院理学系研究科化学専門課程博士課程修了。理学博士。昭和54年国立公害研究所（現・国立環境研究所）研究員、同主任研究員、研究管理官、大気反応研究室長、アジア広域大気研究室長などを経て、平成19年より東京農工大学大学院教授。平成18年～20年および平成24年～26年日本エアロゾル学会会長。大気化学と越境大気汚染が専門。黄砂・酸性雨・大気汚染などを観測・分析している。中国の研究者と協力して、中国国内の大気汚染物質の航空機観測を世界で初めて実施した。平成19年ハーゲン・シュミット賞受賞、平成23年大気環境学会学術賞受賞、平成24年環境賞優良賞受賞。著書に『酸性雨　誰が森林を傷めているか？』、『越境する大気汚染－中国のPM2.5 ショック』、『みんなが知りたいPM2.5の疑問25』などがある。

野口　恒（のぐち　ひさし）

昭和20年愛知県出身。和歌山大学経済学部卒業、法政大学大学院社会科学研究科中退、出版社勤務を経てフリージャーナリストとなる。ものづくりや生命と環境問題を主なテーマに、さまざまな問題を取材・調査・研究に取り組む。群馬大学社会情報学部特任講師、「情報化白書」編集専門委員を歴任。主な著書：「トヨタ生産方式を創った男」「製造業に未来はあるか」「日本企業の基礎研究」「シリーズ5巻・モノづくりニッポンの再生」など著書多数。

もっと知りたいPM2.5の科学

NDC519.3

2016年 1 月27日　初版 1 刷発行

（定価はカバーに表示してあります）

©　著　者　畠山　史郎・野口　恒
発行者　井水　治博
発行所　日刊工業新聞社
〒103-8548　東京都中央区日本橋小網町14-1
電　話　書籍編集部　03（5644）7490
販売・管理部　03（5644）7410
F A X　03（5644）7400
振替口座　00190-2-186076
U R L　http://pub.nikkan.co.jp/
e-mail　info@media.nikkan.co.jp
製　作　㈱日刊工業出版プロダクション
印刷・製本　新日本印刷㈱

ISBN 978-4-526-07509-4

よくわかる
炭素繊維
コンポジット
入門
平松 徹 著
Carbon Fiber Composite
特性から応用まで
注目の先端材料が
総合的に理解できる
日刊工業新聞社

図解よくわかる
ナノセルロース
ナノセルロースフォーラム 編
炭素繊維、カーボンナノチューブに次ぐ
注目の新素材がまることわかる!
研究動向
用途開発
産業化
日刊工業新聞社

自動車
軽量化
のための
接着接合 入門
原賀康介・佐藤千明 著
接着接合の適用方法が
この一冊でよくわかる!